梁营玉 著

新型电力系统继电保护

清華大学
出版社 北京

内 容 简 介

本书系统介绍了新能源、电池储能系统、柔性直流换流站等电力电子电源的工作原理和故障特征,深入而细致地阐释了传统继电保护方法在新型电力系统中适应性下降的根本原因,并从改进传统保护方法、控保协同、时域保护新原理等角度提出了多种能适应新型电力系统故障特征的保护方法。本书以各种电力电子电源工作原理和故障特征—传统继电保护适应性下降原因分析—提出适应新型电力系统继电保护新方法为主线,由浅入深,层层递进,逻辑清晰。

本书可以作为电气类相关专业的本科生及研究生的教材,也可以作为从事电气领域研究的科研工作者的参考书。

图书在版编目(CIP)数据

新型电力系统继电保护/梁营玉著. —北京:清华大学出版社,2024.3
ISBN 978-7-302-65811-5

Ⅰ. ①新… Ⅱ. ①梁… Ⅲ. ①电力系统－继电保护 Ⅳ. ①TM77

中国国家版本馆 CIP 数据核字(2024)第 058603 号

责任编辑:陈凯仁
封面设计:傅瑞学
责任校对:薄军霞
责任印制:丛怀宇

出版发行:清华大学出版社
    网 址:https://www.tup.com.cn,https://www.wqxuetang.com
    地 址:北京清华大学学研大厦 A 座   邮 编:100084
    社 总 机:010-83470000   邮 购:010-62786544
    投稿与读者服务:010-62776969,c-service@tup.tsinghua.edu.cn
    质量反馈:010-62772015,zhiliang@tup.tsinghua.edu.cn
印 装 者:小森印刷霸州有限公司
经 销:全国新华书店
开 本:170mm×240mm 印 张:9.75 插 页:13 字 数:222 千字
版 次:2024 年 3 月第 1 版   印 次:2024 年 3 月第 1 次印刷
定 价:79.00 元

产品编号:104477-01

为应对化石能源危机、环境污染等问题给人类生存带来的巨大挑战,能源体系正朝着低碳化、清洁化的方向发展。能源电力行业碳减排是我国实现双碳目标的关键环节,大规模开发和利用新能源,构建以新能源为主体能源的新型电力系统是实现双碳目标的重要途径。而柔性直流输电(柔直)和电池储能可以实现大规模新能源外送和中远海风电并网,提升新型电力系统运行安全性,因此柔直和电池储能是构建新型电力系统的关键支撑技术和不可或缺的关键要素。新能源、柔直、电池储能等均以电力电子变流器为接口接入电网,其故障特征受变流器自身的过流能力及控制的灵活性影响,显著区别于同步发电机,导致依赖同步发电机故障特征的传统继电保护方法无法适应新型电力系统,存在失效风险,严重威胁电力系统的运行安全性。因此,研究电力电子电源与同步发电机故障特征间的差异性,揭示传统继电保护方法适应性下降的根本原因,提出能适应新型电力系统故障特征并对多种非理想情况具有较好鲁棒性的继电保护新方法,具有重要的理论意义和工程应用价值。本书围绕包含新能源、储能、柔直等电力电子电源的新型电力系统继电保护诸多问题,系统介绍了新能源、电池储能系统、柔性直流换流站等电力电子电源的工作原理和故障特征,深入而细致地阐释了传统继电保护方法在新型电力系统中适应性下降的根本原因,并从改进传统保护方法、控保协同、时域保护新原理等角度提出了多种能适应新型电力系统故障特征的保护方法。主要研究内容如下。

(1)对光伏发电系统、双馈风力发电系统、永磁直驱风力发电系统、电池储能系统、柔性直流输电系统等几类电源的拓扑结构和工作原理进行介绍。将这些系统的电源按照故障特征分为全功率型电力电子电源(全功率型电源)和双馈型电源,深入分析了这两种类型的电源与同步发电机故障特征的根本差异,为后续继电保护适应性分析及保护新原理的提出奠定基础。

(2)分析了全功率型电源对测量阻抗的影响及全功率型电源侧等效阻抗特性,揭示了基于测量阻抗的传统距离保护及基于工频故障分量距离保护性能恶化的根本原因。为适应全功率型电源故障特征,提出一种基于自适应方向圆特性的距离保护,通过自适应调整方向圆特性的动作区域,避免距离保护的误动或拒动。搭建了含光伏电站的 IEEE 39 节点仿真模型,设置了不同的故障条件和不同的控制策略,验证了自适应距离保护的有效性,该方案可以准确地识别区内外故障及其故障方向,具有较好的抗过渡电阻的能力,对不同的并网导则均有较好的适应性。

(3) 推导了相电流差突变量幅值关系表达式和各序分量之间的相位关系表达式,分析了控制目标、控制参数、故障条件等诸多因素对选相元件性能的影响,揭示了相电流差突变量选相元件和序分量选相元件无法正确选相的根本原因。为此,从控保协同的角度,提出了一种基于序阻抗角重构技术的变流器控制策略,以提升各序分量选相元件的适应性,确保其正确选相。

(4) 根据电力电子电源、同步电源与输电线路的连接关系,将交流输电线路分为Ⅰ型线路和Ⅱ型线路,给出相应的划分方法。由此,将全功率型电源对所有交流线路上负序方向元件性能影响的研究分为两类,并得出相应的结论。为解决Ⅰ型线路上负序方向元件误判故障方向的问题,改进传统变流器的控制策略,通过主动注入具有受限幅值和特定相角的负序电流,辅助负序方向元件正确且灵敏地识别故障方向。

(5) 从理论上推导了电流差动保护临界动作的幅值和相角条件;深入分析了全功率型电源不同运行模式下,电流差动保护动作性能的差异性,揭示了全功率型电源导致电流差动保护灵敏度下降甚至拒动的根本原因;从改进传统差动保护、时域保护新原理的角度提出高灵敏度电流差动保护、基于电流轨迹系数的时域差动保护、基于区内故障因子的时域差动保护等 3 种保护新方法,解决传统差动保护灵敏度不足甚至拒动的问题,并提升了差动保护对电流互感器(current transformation,CT)饱和、测量误差、异常数据的鲁棒性。

本书以各种电力电子电源工作原理和故障特征—传统继电保护保护适应性下降原因分析—提出适应新型电力系统继电保护新方法为主线,由浅入深,层层递进,逻辑清晰,凝聚了作者近几年在新型电力系统继电保护领域的部分研究成果。本书非常适合电气类相关专业的本科生、研究生及从事该领域研究的科研人员阅读。本书的撰写过程得到课题组杨小洋、潘存跃等在读及已毕业的研究生的大力协助,在此表示感谢;感谢中国矿业大学(北京)电气系的同事们给予的支持与帮助;本书的撰写参考了大量的文献资料,感谢相关学者在本领域做出的贡献对本书撰写的启发。同时,感谢清华大学出版社的编辑和相关人员为本书的出版付出的辛勤努力。限于作者水平,书中难免存在不完善和不妥之处,恳请读者和同行专家批评指正,作者将不胜感激。

作 者

2023 年 10 月于北京

目 录

第1章

绪　　论

1.1　背景与意义

随着科技的飞速发展,人类进入了以人工智能和清洁能源利用为标志的新时代。自第一次工业革命以来,经过数百年的社会发展,一方面,化石能源不断消耗,人类面临着能源枯竭的局面;另一方面,由于长期使用化石能源,全球气温上升,环境不断恶化,严重威胁着人类的生存安全。在能源枯竭和环境恶化的双重威胁下,人类开始积极寻求可持续发展的解决方案。图 1.1 为新型电力系统初步设想。

2020 年 9 月,习近平总书记在第七十五届联合国大会上提出:中国二氧化碳排放力争于 2030 年前达到峰值,努力争取 2060 年前实现碳中和[1]。能源电力行业碳减排是我国实现双碳目标的关键环节,大规模开发和利用新能源,构建以新能源为主体电源的新型电力系统是实现双碳目标的重要途径。近十几年,由于能源危机、环境污染问题和政府能源政策导向作用,我国新能源装机容量急速增长。截至 2022 年底,我国电源总装机容量达到 25.6 亿 kW,其中风电、太阳能发电装机分别达到 3.65 亿 kW、3.93 亿 kW,二者总和占全国总装机的 29.6%,分别占世界风电、太阳能发电装机的 40.7%、35%,均居世界首位[2]。预计到 2060 年我国新能源装机占比将超过 70%,发电量超过 50%,新能源将成为新型电力系统的主体电源[3]。

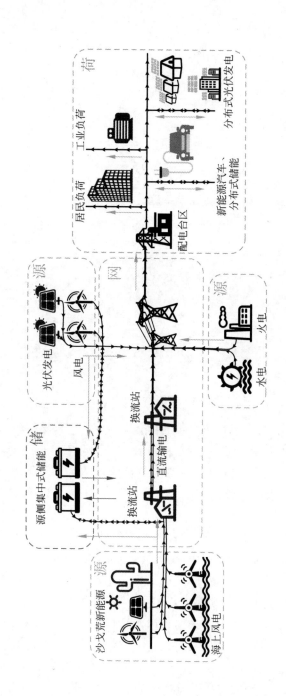

图 1.1　新型电力系统初步设想

以风电、光伏发电为主的新能源发电存在随机性、波动性和间歇性等问题,给电网安全运行带来了巨大挑战[4]。为了解决这些问题,储能技术逐步应用于新型电力系统中。其中,具有安装方便、容量可灵活调节等优点的电池储能系统得到了广泛应用,它可以将多余的风能和太阳能转化为电能储存起来,并在风力和光照不足或供电中断时作为紧急电源使用,以平衡能源供应和调节能源峰谷。此外,电池储能系统还可以缓解弃风、弃光问题,降低能源浪费,提高能源利用效率。这些特点使得电池储能系统成为提升新能源并网友好性的重要技术之一。

自 2010 年美国投运世界上第一个基于模块化多电平换流器(modular multilevel converter,MMC)拓扑的柔性直流输电(voltage source converter based high voltage direct current,VSC-HVDC)工程以来,基于 MMC 的柔性直流输电技术在全世界获得广泛关注并得到迅猛发展。仅 10 年时间,我国单个柔性直流换流站的直流电压等级和功率水平就从上海南汇风电场柔性直流输电工程的 ±30kV/18MW 跃升至昆柳龙直流工程的 ±800kV/5000MW(广东龙门换流站)[5]。随着 MMC 控制技术日趋成熟、工程经验不断积累、成本不断下降,相关装备制造水平不断提升及电网异步互联、中远海风电并网,无常规电源支撑的沙戈荒大规模新能源集中送出等场景对柔性直流输电技术的迫切需求,会有越来越多的 VSC-HVDC 工程投入使用。预计到 2030 年,我国沙戈荒新能源装机规模将达到约 4.55 亿 kW,其中外送电力约占 70%。由此可见,柔性直流输电是构建新型电力系统的关键支撑技术和不可或缺的关键要素。

综上所述,大规模开发和利用新能源是实现"双碳"目标的重要途径,而柔性直流输电和电池储能技术是构建以新能源为主体的新型电力系统的两大关键技术。可以预见,未来电力系统是以新能源为主体电源、电池储能及柔直大规模广泛接入的新型电力系统,如图 1.1 所示。新能源、电池储能及柔直都是以电力电子变流器为接口接入电网,其故障特征相较于同步发电机存在着显著差异且更加复杂。新能源、储能及柔直等电力电子电源的大规模广泛接入从根本上改变了电力系统的故障特征,导致依赖传统电力系统故障特征的距离保护、选相元件、方向元件及差动保护等继电保护方法无法适应新型电力系统的故障特征,继电保护存在失效风险,严重威胁电力系统的运行安全性。此外,采样数据异常、CT 饱和、测量误差等非理想情况仍严重困扰继电保护的安全性。本书旨在揭示距离保护、选相元件、方向元件、电流差动保护等传统继电保护适应性下降的根本原因,提出能适应新型电力系统故障特征并对多种非理想情况具有较好鲁棒性的继电保护新方法,为新型电力系统构建安全、可靠的第一道防线提供关键技术支撑,助力实现"双碳"目标。

1.2　新能源交流侧线路继电保护研究综述

新能源电源作为新型电力系统的重要组成部分,输出功率全部或部分通过变流器流向电网,故障电流受变流器过流能力、控制策略和控制参数等诸多因素影响,具有幅值受限和相角受控的特点,与传统同步机电源的故障电流特征差异明显。因此,新能源电源接入电网后导致基于传统同步机电源特性设计的方向元件、选相元件、距离保护和差动保护存在原理性不适应的问题[6-10]。特别地,对于部分功率通过变流器馈入电网的双馈风机而言,添加"撬棒保护"是故障期间保持双馈风机不脱网的最优选择。然而,撬棒保护投入将导致双馈风电场侧等效正序、负序阻抗存在差异,传统保护方法还受双馈风力发电机组中的撬棒电阻、电机参数等因素影响[11-12]。电网中的继电保护作为电网稳定可靠运行的最强有力保障,将面临新能源接入带来的巨大挑战。因此,深入分析新能源电源接入对传统继电保护的影响,以及提出相应的解决策略一直是国内外学者的研究热点。

文献[13]针对不同容量、不同接入位置的新能源电源对传统三段式电流保护影响进行了理论分析,结果表明新能源电源的接入将影响传统电流保护整定值的准确性,进而导致传统三段式电流保护可能不正确动作。文献[14]重点分析了不同重合闸方式下新能源电源对配电网电流保护造成的影响,给出了相应的解决措施,减小了因新能源电源容量增大对电力系统中过流保护产生的不利影响,以保持配电网电流保护原有的协调性。文献[15]提出了一种仅采集本地电气量信息实现自适应保护的方案,该保护方案不仅能适应运行模式和拓扑结构的变化,也适应异常工作状态。该方案采用方向过流继电器(directional over current relays,DOCR)来缩短跳闸时间,对继电器的要求较高,需要根据状态检测进行离线计算和在线修改以适应新状态,且文献[14]、文献[15]中只考虑了对称故障,并未在非对称故障下验证方法的有效性。文献[16]针对光伏电源接入导致过流保护发生不正确动作的问题,提出了一种根据接入不同位置配置相应限流保护的方法,但随着光伏电源不断增多,其复杂的开关配置条件,给电流保护的时间整定带来巨大困难。

文献[17]对光伏电站侧的故障电流特征进行了分析,并根据现场试验数据对35kV汇集线路上的过电流保护、距离保护的动作特性进行研究。仿真结果表明,光伏电站的接入使传统继电保护中的过电流保护和距离保护无法正确动作,为此提出了一种新型距离保护方案。文献[18]、文献[19]深入分析了全功率型新能源场站(full-scale converter-interfaced renewable energy power plants,FSCIREPPs)对送出线路距离保护动作性能的影响,揭示了区内故障时距离保护失效的原因。在此基础上,通过重新设计测量阻抗计算公式、将适应FSCIREPPs故障特征的新型方向元件与距离保护相结合等方式提升距离保护对FSCIREPPs的适应能力,改善其动作性能。文献[20]提出了一种基于谐波注入的距离保护方案,控制变流器注入特定谐波电流,通过检测谐波阻抗能准确识别故障,但注入的谐波可能会影响电压质量。文献[21]、文献[22]提出通过注入4倍频谐波的方式改善光伏电站侧距离保护元件的性能,但该保护方案拒动的风险随着过渡电阻的增加而增大。文献[23]中分析了光伏电站的故障电流特性,并且基于此提出了一种适应光伏电站接入的新型距离保护方案。文献[24]中提出了一种基于附加阻抗分析模型的自适应距离保护方案,该保护方案可靠性较强并且能准确检测故障位置,然而这种方案只适用于不对称故障。文献[25]指出风电场的运行方式会对传统电网中距离保护产生影响,研究表明其运行方式发生变化将使得其正序、负序等效阻抗也随之发生变化,从而影响距离保护整定范围,最后提出了一种能不受风电场运行方式变化影响的自适应距离保护方案。文献[26]基于实时检测电压、电流及风电机组数目等信息变化量给出了一种适用于风电场送出线路的自适应距离保护的整定方法。测试结果显示,该距离保护的动作性能得到明显改善,但所需的信息量较大,实际应用复杂。文献[27]在自适应距离保护的基础上加入了人工神经网络算法,分析了距离保护的动作特性受风电场电压幅值比、相角差及风电场侧阻抗等参数变化的影响,当故障发生后,通过利用人工神经网络对距离继电器检测的本地信息进行离线计算和在线修改来调整继电器跳闸特性,同时为了防止继电器误动作,不同故障线段设置的距离继电器随着风电场的故障条件变化自适应地改变整定值。该距离保护算法具有较好的灵敏性、可靠性、速动性,但对通信网络要求很高。文献[28]提出了一种改进的允许式超范围传输跳闸(permissive overreach transfer trip,POTT)方法解决对称故障下双馈风机接入电网导致距离保护不能正确动作的问题,该文献所给出的自适应距离保护可以完全消除撬棒电阻对传统距离保护的影响。文献[29]提出了基于Riemann-Liouville(R-L)微分方程的距离保护,能够解决传统的基于R-L微分方程距离保护在零电压故障时无法正确检测故障方向的问题。

文献[30]主要分析了光伏电源的故障电流特征并研究了传统方向元件在配电网中的适应性问题,最后提出基于正序电流和故障前电压相位关系的新型方向元件判据。文献[31]通过分析不同故障条件下等效序突变量阻抗角的变化规律,揭示了逆变型电源对故障分量方向元件的影响机理,但未提出相应的解决方案。文献[32]指出故障期间双馈风电场侧正、负序等效阻抗不再相等,从而导致方向元件动作性能下降,但并未给出双馈风机故障后正序、负序阻抗数学表达式,且未分析影响正序、负序阻抗特征变化的各类因素。文献[33]推导了双馈风机序阻抗数学表达式,从阻抗的角度分析了对序故障分量方向元件的适应性,但未分析各类因素对序故障分量方向元件的影响。

文献[34]、文献[35]分析了逆变型新能源电源不同控制目标对选相元件性能的影响,指出对新能源侧选相元件,某些控制目标下不能正确选相;系统侧选相元件不受光伏电站影响,可以正确选相。文献[36]提出了一种基于电压序分量幅值和相角的新型选相元件,并验证了该选相元件在含光伏电源的微电网中可以正确判断故障相别。然而该方案需要在配网中安装额外的电压互感器,增加了工程成本和复杂性。文献[37]针对风电场侧的故障特征进行理论研究。由于受风电场的弱馈特性、系统阻抗变化、频率偏移等影响,传统的选相元件同样不再适用于双馈风力发电系统,所以文献[37]提出了一种基于瞬态电压波形相关性的新型选相方法。

文献[38]~文献[40]深入分析了新能源场站的故障特性并且探究了新能源场站接入对差动保护等传统保护方案的影响。文献[41]针对495MW大型逆变型新能源电站220kV送出线路电流差动保护动作特性进行了深入分析,仿真结果表明:当电网输电线路发生相间故障,所接入的电网为弱系统时,纵联差动保护可能不正确动作;若所接入的电网为强系统时,纵联差动保护存在动作灵敏度下降但仍能正确动作。文献[42]分析了低电压穿越时逆变型电源的故障电流特征,根据配电网内部正序电压电流的故障分量相位差构建了新的动作判据。文献[43]基于区内区外故障正序阻抗的故障特征,提出了一种带制动特性的正序阻抗纵联保护方案,该方案不受背侧等值阻抗影响,但该方案需要获取线路两端的电压信息,配电网通常不配置电压互感器。文献[44]针对多源网络提出了一种差动保护与自适应电流保护相结合的方案,文献[45]根据正序故障网络设计了反时限电流保护,但文献[44]和文献[45]中的方案对通信同步要求较高。文献[46]基于逆变型电源接入点正序电压特征提出了一种虚拟多端电流差动保护方案,但只考虑了逆变型电源接入的情况。考虑到新能源电源的特殊故障特征,文献[47]~文献[50]提出几种差动保护方法,包括基于电流序分量的差动保护、基于阻抗角的差动保护、阻抗差保护及基于正序故障分量的电流差动保护。然而,上述差动保护方法不具备分相动作的能力,需要额外配置选相元件。文献[51]~文献[57]利用皮尔逊相关系数、余弦相似系数、有符号相关指数、改进欧几里得距离等指标衡量线路两侧电流波形相似程度,利用区内外故障电流波形的差异性准确甄别区内外故障并具备分相动作的能力;此类保护方法能快速地识别区内故障并对新能源电源的故障特征具有很好的适应能力。

1.3　四象限电力电子电源交流侧线路继电保护研究综述

相比同步发电机,新能源电源和四象限电源均通过电力电子变流器接入交流电网,二者在故障特征上具有一定相似性,但也存在显著差异。新能源电源主要将太阳能、风能转化为电能,运行于逆变模式,能量从直流侧流向交流侧。柔性直流和电池储能具有整流/充电和逆变/放电两种运行模式,可以吸收/发出有功和无功功率,具备四象限功率控制和运行能力,被称为四象限电力电子电源,简称四象限电源(four-quadrant power source,FQPS)。相比新能源电源,四象限电源故障特征,尤其是故障电流相角特性更为复杂,导致基于新能源故障特征提出的继电保护方法可能无法适应四象限电源的故障特征。

文献[58]~文献[60]研究了 VSC-HVDC 换流站对交流侧距离保护的影响。由于 VSC-HVDC 换流站的故障电流幅值受限特性,阻抗继电器容易拒动。然而,上述文献并没有给出相应的解决方案。文献[61]针对 VSC-HVDC 接入后使换流站侧距离保护可靠性降低的问题,考虑换流站的特殊故障特征,提出了一种非对称短路故障下适应 VSC-HVDC 接入的距离 I 段保护方案,可以准确甄别区内外故障。然而,该文献所提出的方案没有考虑对称故障。文献[62]提出了一种视在阻抗计算方法,用以识别三相短路故障时由 VSC-HVDC 引起的后备保护误动作问题,但该文献没有研究发生概率相对较大的不对称故障。文献[63]分析了 VSC-HVDC 换流站对距离保护的影响,提出了一种新的 VSC-HVDC 换流站交流线路保护原理,利用相电流之比和两侧的负序电流之比区分区内故障和区外故障。然而,当 VSC-HVDC 换流站注入负序电流且过渡电阻较大时,该方案灵敏度下降,甚至可能发生误判。文献[64]提出了基于通信的加速距离保护方案,该方案在各故障类型下都能动作。文献[65]提出了 VSC-HVDC 连接海上风电的交流联络线故障电流的计算方法,分析了距离保护的适用性,并给出了相应的解决方案。但是,文献[64]、文献[65]所提的方案仍然存在一些局限性,如在某些情况下动作速度较慢。文献[66]分析了柔性直流换流站对接入线路负序方向元件的影响,指出线路故障后基于负序方向元件的纵联保护可能误动或拒动。但该文献未给出相应的解决措施。文献[67]提出一种控保协同的配合方案,通过 VSC-HVDC 注入受限幅值和特定相角的负序电流,确保负序方向元件正确、灵敏地识别故障方向。文献[68]揭示了两种变压器接线方式下柔性直流换流站对相电流差突变量选相和电流序分量选相方法的影响机理。在深入分析保护安装处与故障点处的电压序分量关系的基础上,提出利用电压序分量间的幅值和相角关系实现故障选相。文献[69]、文献[70]分析了 VSC-HVDC 对电流差动保护动作性能的影响机理,线路两侧故障相电流的幅值和相角,受换流站有功和无功参考值、控制目标、过渡电阻大小、故障类型等诸多因素的影响,特殊的故障特征可能导致电流差动保护灵敏度降低甚至拒动。文献[71]针对 VSC-HVDC 系统交流输电线路存在差动保护灵敏度降低的问题,提出了利用两侧故障电流的夹角信息,改造了制动系数,从而提高区内故障差动保护灵敏度。文献[72]对传统电流差动保护保护进行改造,提升电流差动保护的灵敏性及响应速度,显著降低区内故障拒动的风险。文献[73]提出了一种能适应含电池储能系统(battery energy storage system,BESS)的微电网保护方案,其使用正序故障阻抗的幅值和相角来识别区内故障。文献[72]和文献[73]所提方案均为基于工频分量的保护方法,需要采样离散傅里叶变换提取相量。采样离散傅里叶变换不可避免地会引入延迟,增加算法复杂性,并且相量提取的精度受衰减直流的影响较大。相较于基于工频分量的保护算法,时域保护省略了相量提取环节,因而避免了离散傅里叶变换带来的相关问题,近年来受到研究人员的青睐。文献[74]将原始差动保护和虚拟差动保护映射到二维空间构造电流轨迹,分析了不同情况下电流轨迹的差异性,提出基于区内故障因子的时域纵联保护方法。该保护方法的响应速度需进一步提升。文献[75]分析了电池储能系统(BESS)的故障特征,据此提出了基于电流轨迹系数的时域差动保护方法;相比文献[74]中所提方法,该保护方法响应速度更快,但在某些故障工况下的灵敏性不足。

通过对国内外研究现状的调研分析可知,本领域仍存在以下值得研究的问题或方向:①研究能适应多种异构电源的保护新方法,提升保护的普适性;②如何同时兼顾保护灵敏性与安全性,对CT饱和、异常数据、CT测量误差等多种非理想情况具有很好的鲁棒性;③将深度学习算法与继电保护有机融合,并降低智能保护算法的复杂度;④研究基于数据和知识混合驱动的保护新原理,充分利用深度学习算法强大的特征提取能力确保故障识别的高准确率,并提升保护新原理的可解释性。

1.4　本章小结

随着各种电力电子电源在电力系统各环节的大规模、广泛接入,新型电力系统的"双高"(高比例新能源、高比例电力电子装备)特征不断深化,给电力系统继电保护带来新的挑战。电力电子电源的大规模接入从根本上改变了电力系统的故障特征,亟须挖掘影响电力电子电源故障特征的主要因素。通过揭示距离保护、选相元件、方向元件、电流差动保护等传统继电保护适应性下降的根本原因,对现有继电保护方法进行改进或提出适应新型电力系统故障特征的保护新原理,从根本上解决保护原理性能恶化、威胁电力系统运行安全性的问题。作为新型能源体系的重要组成,新型电力系统安全稳定运行对于国家能源的战略转型有着重要意义。

第2章

电力电子电源工作原理及故障特征

2.1 引言

传统继电保护是基于同步发电机的故障特征设计的,而电力电子电源故障特征与传统同步电源故障特征截然不同,导致依赖同步发电机故障特征设计的传统继电保护方法存在原理性不适应的问题。因此研究新型电力系统中的线路保护,首先要对新型电力系统中各类型电源的工作原理有全面的认识和理解。其次,故障特征认知是传统保护性能分析、保护新原理研究的基础,需要深入研究各类电源的故障特征。

本章分别对光伏发电系统、双馈风力发电系统、永磁直驱风力发电系统、电池储能系统、柔性直流输电系统等几类电源的拓扑结构和工作原理进行介绍。将上述电源按照故障特征分为全功率型电力电子电源和双馈型电源,从控制策略、控制参数、故障条件等方面对上述两类电源的故障特征进行理论分析,为后续对各类继电保护的适应性分析奠定基础。

2.2 光伏发电系统工作原理及控制策略

图 2.1 为光伏电站接入电网的示意图。其中,M 侧为光伏电站侧,P 侧为系统侧。该光伏电站采取两级升压并网的结构,首先将光伏发电单元经并网逆变器逆变

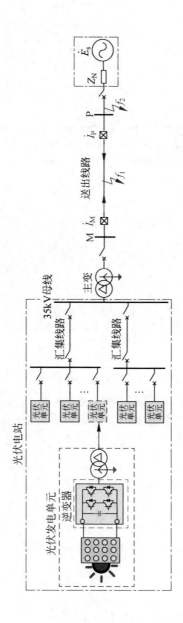

图 2.1 光伏发电系统接入电网示意图

为工频交流电,再经逆变升压单元汇集到 35kV 开关柜,经 35kV 母线汇流后再通过主变压器升压输送至电网。

如图 2.1 所示,光伏逆变器主要由光伏阵列和逆变器两部分组成,其中,光伏阵列主要实现太阳能向电能的转化,逆变器主要实现直流电转化为交流电(逆变)和最大功率点追踪。因此,对于光伏并网逆变器的核心控制主要集中于逆变器控制,以图 2.2 中的两电平光伏并网逆变器为例,对光伏并网逆变器的数学模型和控制策略进行说明。

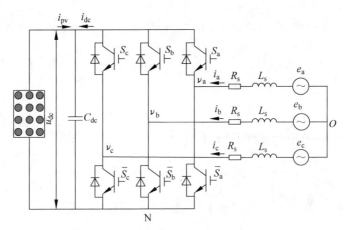

图 2.2　两电平光伏并网逆变器拓扑

在图 2.2 中,L_s、R_s 分别为逆变器的连接电抗器和等效损耗电阻,e_a、e_b、e_c 分别为电网三相电动势,i_a、i_b、i_c 分别为输入到光伏变流器的三相电流,ν_a、ν_b、ν_c 分别为光伏变流器的三相输出电压,u_{dc} 为光伏变流器的直流母线电压,i_{dc} 为光伏变流器直流侧电流,i_{pv} 为光伏电池的输出电流,C_{dc} 为直流母线电容。S_a、S_b、S_c 分别为三相桥臂开关函数:$S_k = 1(k = a, b, c)$ 表示相应桥臂上管导通,下管关断;$S_k = 0$ 表示相应桥臂上管关断,下管导通。

根据图 2.2 所示拓扑图,对 A 相电路进行分析,根据基尔霍夫电压定律列出的 A 相电压回路方程为

$$e_a = L_s \frac{di_a}{dt} + R_s i_a + \nu_a = L_s \frac{di_a}{dt} + R_s i_a + S_a u_{dc} + u_N \tag{2.1}$$

同样可得 B、C 两相电压回路方程为

$$e_b = L_s \frac{di_b}{dt} + R_s i_b + S_b u_{dc} + u_N \tag{2.2}$$

$$e_c = L_s \frac{di_c}{dt} + R_s i_c + S_c u_{dc} + u_N \tag{2.3}$$

假设不考虑零序电压和电流,三相电压电流之和为零,可得

$$u_N = -\frac{u_{dc}}{3} \sum_{k = a, b, c} S_k \tag{2.4}$$

根据图 2.2,由基尔霍夫电流定律列出流过直流母线的电流为

$$C \frac{\mathrm{d}u_{\mathrm{dc}}}{\mathrm{d}t} = i_{\mathrm{dc}} - i_{\mathrm{pv}} = S_a i_a + S_b i_b + S_c i_c - i_{\mathrm{pv}} \tag{2.5}$$

综合以上所有公式,可以得到电网电压平衡时,三相静止 abc 坐标系下光伏变流器的数学模型为

$$\begin{cases} e_a = L_s \dfrac{\mathrm{d}i_a}{\mathrm{d}t} + R_s i_a + \left(S_a - \dfrac{S_a + S_b + S_c}{3}\right) u_{\mathrm{dc}} \\[3mm] e_b = L_s \dfrac{\mathrm{d}i_b}{\mathrm{d}t} + R_s i_b + \left(S_b - \dfrac{S_a + S_b + S_c}{3}\right) u_{\mathrm{dc}} \\[3mm] e_c = L_s \dfrac{\mathrm{d}i_c}{\mathrm{d}t} + R_s i_c + \left(S_c - \dfrac{S_a + S_b + S_c}{3}\right) u_{\mathrm{dc}} \\[3mm] C \dfrac{\mathrm{d}u_{\mathrm{dc}}}{\mathrm{d}t} = S_a i_a + S_b i_b + S_c i_c - i_{\mathrm{pv}} \end{cases} \tag{2.6}$$

经过派克变换(简称 dq 变换)可得

$$\begin{cases} e_d = R_s i_d + L_s \dfrac{\mathrm{d}i_d}{\mathrm{d}t} - \omega_1 L_s i_q + v_d \\[3mm] e_q = R_s i_q + L_s \dfrac{\mathrm{d}i_q}{\mathrm{d}t} + \omega_1 L_s i_d + v_q \\[3mm] C \dfrac{\mathrm{d}u_{\mathrm{dc}}}{\mathrm{d}t} = S_d i_d + S_q i_q - i_{\mathrm{pv}} \end{cases} \tag{2.7}$$

式中,e_d 和 e_q 分别为电网电动势的 d、q 轴分量;i_d 和 i_q 分别为光伏输出电流的 d、q 轴分量;v_d 和 v_q 分别为光伏变流器交流侧输出的 d、q 轴电压分量;S_d 和 S_q 分别为开关函数从 abc 坐标系下转换到两相旋转 dq 坐标系下的 d、q 轴分量;ω_1 为电网电压的同步角速度。此时所有电气量均为直流量,采用 PI 调节器进行控制,使 d、q 轴电流跟踪上其指令值。可以设计如下控制规则

$$\begin{cases} R_s i_d + L_s \dfrac{\mathrm{d}i_d}{\mathrm{d}t} = K_{\mathrm{p}}(i_d^* - i_d) + K_{\mathrm{i}} \displaystyle\int (i_d^* - i_d)\mathrm{d}t \\[3mm] R_s i_q + L_s \dfrac{\mathrm{d}i_q}{\mathrm{d}t} = K_{\mathrm{p}}(i_q^* - i_q) + K_{\mathrm{i}} \displaystyle\int (i_q^* - i_q)\mathrm{d}t \end{cases} \tag{2.8}$$

由式(2.7)和式(2.8)可得

$$\begin{cases} v_d^* = e_d + \omega L_s i_q - \left[K_{\mathrm{p}}(i_d^* - i_d) + K_{\mathrm{i}} \displaystyle\int (i_d^* - i_d)\mathrm{d}t \right] \\[3mm] v_q^* = e_q - \omega L_s i_d - \left[K_{\mathrm{p}}(i_q^* - i_q) + K_{\mathrm{i}} \displaystyle\int (i_q^* - i_q)\mathrm{d}t \right] \end{cases} \tag{2.9}$$

在两相旋转坐标系下实现了 dq 轴的解耦,通过对控制器的设计,可以实现电流的无静差跟踪,能够得到较好的控制效果。一般将正序、负序分量进行分离,对正序和负序分别进行控制,称为双矢量控制方法。其中电流内环控制负序分量的

推导与上述思路相同,在此不做赘述。

为了控制直流侧电压,设计如下控制器

$$i_d^* = K_p(u_{dc}^* - u_{dc}) + K_i \int (u_{dc}^* - u_{dc}) dt \qquad (2.10)$$

综上所述,光伏并网逆变器的总控制框图如图 2.3 所示。

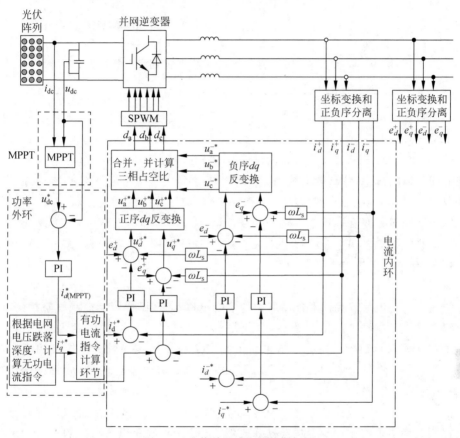

图 2.3　光伏并网逆变器控制框图

在图 2.3 中,MPPT 为最大功率点跟踪(maximum power point tracking, MPPT)的缩写,SPWM 为正弦脉宽调制(sinusoidal pulse width modulation, SPWM)的缩写。

2.3　双馈风力发电系统工作原理及控制策略

双馈风电并网仿真模型如图 2.4 所示。其中,M 侧为双馈风场侧,P 侧为系统侧。该风电场采取两级升压并网的结构,首先将双馈风机输出电流汇集到 35kV 开关柜,最后经 35kV 母线汇流后通过变压器升压输送至电网。表 2.1 为双馈风机参数。

表 2.1　双馈风机参数

变　量	名　　称
u_s、i_s、ψ_s	定子电压、电流、磁链
u_r、i_r、ψ_r	转子电压、电流、磁链
L_s、L_r、L_m	定子、转子、励磁电感
R_s、R_r	定子、转子电阻
s、ω_s、ω_r	转差率、同步角速度、转子角速度
U_s	定子电压

　　如图 2.4 所示,双馈风力发电系统主要由风力机、双馈异步风力发电机 (doubly fed induction generator,DFIG)、背靠背变流器和硬件保护电路等几部分组成。其中,风力机主要实现风能向机械能的转化,双馈异步风力发电机主要实现机械能向电能的转化,背靠背变流器主要实现对电机的控制和最大功率点追踪。其中双馈风力发电系统的控制技术主要集中于对背靠背变流器的控制,即转子侧变流器控制和网侧变流器控制。转子侧变流器通过调节励磁电流的相位,改变发电机电动势矢量与电网电压相角差来调节发电机输出有功功率;通过调节励磁电流的幅值,调节发电机输出无功功率;通过调节励磁电流的频率,实现发电机变速恒频运行。

　　转子侧变流器的控制对象是双馈异步发电机,与网侧变流器控制策略相比,由于双馈异步发电机本身的非线性化,使得对其转子侧变流器控制变得相对困难。本书对转子侧变流器的控制策略采用了基于定子电压定向的矢量控制的控制方法。基于定子电压定向的矢量控制框图如图 2.5 所示[76],定子电压定向的矢量控制策略主要实现最大风能追踪、变速恒频及无功功率控制或参与电网电压调节等功能。当电网发生短路故障时,若故障不严重,通常 DFIG 的变流器可以通过自身的控制策略实现故障穿越;而当故障较严重时,仅通过变流器自身的控制无法实现故障穿越,必须采取额外的硬件电路来辅助 DFIG 实现故障穿越,如投入转子侧撬棒(crowbar)电路和直流卸荷(chopper)电路。

　　转子变流器控制按照 dq 分量形式的转子电压方程设计为

$$\begin{cases} u_{rd} = \sigma L_r \dfrac{\mathrm{d}i_{rd}}{\mathrm{d}t} + R_r i_{rd} - \omega_{slip}\psi_{rq} \\[3mm] u_{rq} = \sigma L_r \dfrac{\mathrm{d}i_{rq}}{\mathrm{d}t} + R_r i_{rq} - \omega_{slip}\psi_{rd} \end{cases} \tag{2.11}$$

$$\begin{cases} \psi_{rd} = L_r i_{rd} + L_m i_{sd} = \sigma L_r i_{rd} \\[3mm] \psi_{rq} = L_r i_{rq} + L_m i_{sq} = -\dfrac{L_m}{\omega_s L_s}U_s + \sigma L_r i_{rq} \end{cases} \tag{2.12}$$

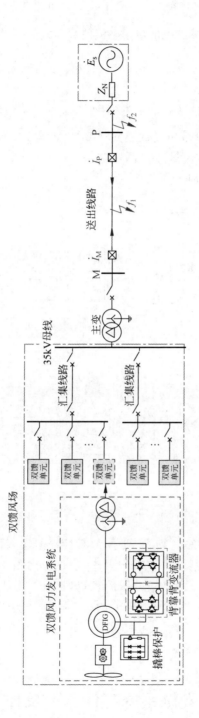

图 2.4 双馈风力发电系统接入电网示意图

式中，$\omega_{slip} = \omega_s - \omega_r$，$\omega_{slip}$ 为 dq 坐标系相对于转子的角速度；$\sigma = 1 - \dfrac{L_m^2}{L_r L_s}$，为发电机的漏磁系数。由磁链方程可以得出转子电流的关系式为

$$\begin{cases} u_{rd} = R_r i_{rd} + \sigma L_r \dfrac{d}{dt} i_{rd} - \omega_{slip}\left(\sigma L_r i_{rq} - \dfrac{L_m}{\omega_s L_s} U_s\right) \\[4mm] u_{rq} = R_r i_{rq} + \sigma L_r \dfrac{d}{dt} i_{rq} + \omega_{slip}\sigma L_r i_{rd} \end{cases} \tag{2.13}$$

控制器的设计原理与 2.2 节中光伏逆变器类似，如图 2.5 所示，此处不再赘述。图 2.5 中，SVPWM 表示空间矢量脉宽调制（space vector pulse width modulation），PLL 表示锁相环（phase locked loop）。

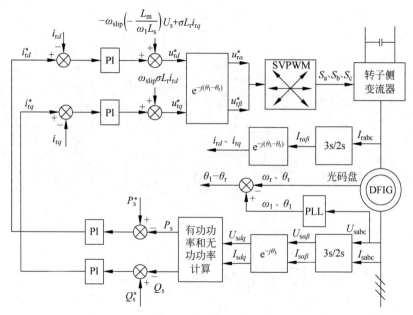

图 2.5　基于电压定向的转子侧变流器矢量控制框图

网侧变流器的控制目标有两个：一是保证其良好的输入特性，即输入电流的波形接近正弦，谐波含量少，功率因数符合要求，理论上网侧变流器可获得任意可调的功率因数；二是保证直流侧母线电压的稳定，直流侧母线电压的稳定是两个变流器正常工作的前提，是通过对输入电流的有效控制来实现的。网侧变流器控制策略与光伏发电系统中逆变器所采用的双矢量控制策略相似，具体可参考 2.2 节双矢量控制策略，此处不再赘述。

2.4　永磁直驱风力发电系统工作原理及控制策略

永磁直驱风电并网仿真模型如图 2.6 所示。其中，M 侧为直驱风场侧，P 侧为

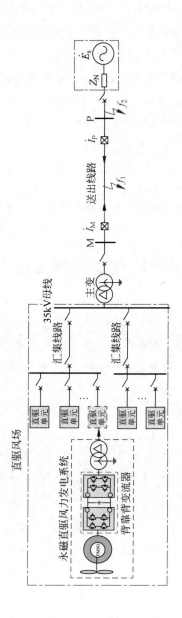

图2.6　永磁直驱风力发电系统接入电网示意图

系统侧。该风电场采取两级升压并网的结构,首先将永磁直驱风机输出电流汇集到 35kV 开关柜,经 35kV 母线汇流后再通过主变压器升压输送至电网。

由图 2.6 所示,永磁直驱风力发电系统主要由风力机、永磁同步发电机(permanent magnet synchronous generator,PMSG)、背靠背变流器和硬件保护电路等几部分组成,其中风力机主要实现风能向机械能的转化,永磁同步发电机主要实现机械能向电能的转化,背靠背变流器主要实现对电机的控制和最大功率点追踪。因此,对于永磁直驱风力发电系统的核心控制主要集中于变流器控制。机侧 PWM 变流器通过调节定子侧的电流,控制发电机的电磁转矩和定子的无功功率,使发电机运行在变速状态,从而具备最大风能捕获的能力;网侧 PWM 变流器通过调节网侧电流,保持直流侧电压稳定,同时实现有功和无功的解耦控制,控制流向电网的无功功率电流,使系统可以运行在单位功率因数的状态下,提高注入电网的电能质量。控制策略与光伏发电系统中逆变器所采用的控制策略相似,具体可参考 2.2 节,此处不再赘述。

2.5　电池储能系统工作原理及控制策略

电池储能系统(battery energy storage system,BESS)并网仿真模型如图 2.7 所示。其中,M 侧为电池储能系统侧,P 侧为系统侧。电池储能系统输出电流直接汇集到 35kV 母线后再通过主变压器升压输送至电网。电池储能系统具备削峰填谷、平抑新能源波动功率、改善电能质量(频率质量、电压质量等)和应急电源等作用,是新型电力系统中不可或缺的关键要素。

图 2.7 中,电池储能系统主要由电池和功率转换系统(power conversion system,PCS)等部分组成,其中电池系统通过电能与化学能的互相转化实现能量的存储与释放,PCS 变流器是并网电池储能系统中功率双向传输的通道,也是 BESS 实现四象限运行的核心部分。因此,对电池储能系统的核心控制主要集中于变流器控制,控制策略与光伏发电系统中逆变器所采用的控制策略相似,具体可参考 2.2 节,此处不再赘述。

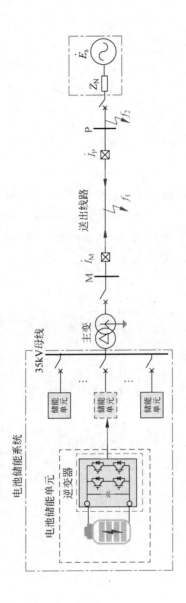

图 2.7　电池储能系统接入电网示意图

2.6　柔性直流输电系统工作原理及控制策略

柔性直流输电系统并网仿真模型如图 2.8 所示,通过两侧换流变压器与两侧电网相连。

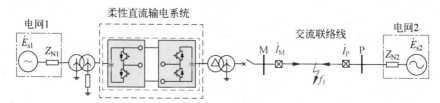

图 2.8　柔性直流输电系统接入电网示意图

模块化多电平换流器(modular multilevel converters,MMC)的基本结构如图 2.9 所示,它由三相六桥臂组成,每个桥臂由 N 个结构相同的子模块级联,最后与一个桥臂电感串联而成,同相上下两个桥臂构成一个相单元。半 H 桥子模块的结构如图 2.10 所示,包含两个绝缘栅双极晶体管(insulated-gate bipolar transistor,IGBT)和续流二极管,以及一个直流储能电容。

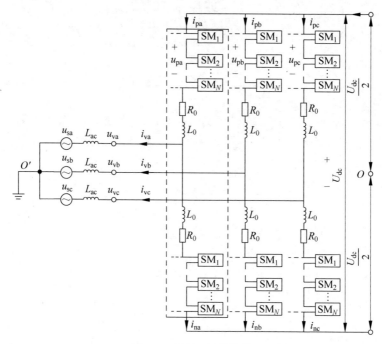

图 2.9　MMC 拓扑结构

MMC 的拓扑结构和子模块结构图分别如图 2.9 和图 2.10 所示,为简化分析过程,从图 2.9 中任意选择一个相单元,得到如图 2.11 所示的一相系统结构示意图。

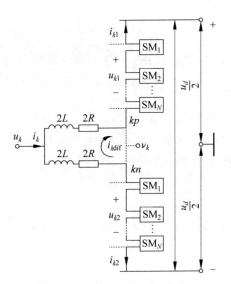

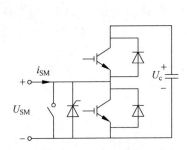

图 2.10　半 H 桥子模块结构图　　　　图 2.11　一相系统结构示意图

k 相($k=a,b,c$)上桥臂和下桥臂通过的电流分别用 i_{k1} 和 i_{k2} 来表示。根据基尔霍夫电流定律,k 相相电流为 k 相上桥臂电流与下桥臂电流之和,即

$$i_k = i_{k1} + i_{k2} \tag{2.14}$$

如图 2.11 所示,k 相相单元中存在自下而上的相单元的电流环流,该环流可以表示为

$$i_{k\text{dif}} = (i_{k1} - i_{k2})/2 \tag{2.15}$$

相单元电流环流可以分解为直流环流分量 $I_{k\text{dc}}$ 和交流环流分量 $i_{k\text{ac}}$。

综上所述,可以将 k 相上下桥臂电流表达为

$$\begin{cases} i_{k1} = \dfrac{i_k}{2} + I_{k\text{dc}} + i_{k\text{ac}} \\[2mm] i_{k2} = \dfrac{i_k}{2} - I_{k\text{dc}} - i_{k\text{ac}} \end{cases} \tag{2.16}$$

桥臂电流包含相电流分量、直流环流分量和交流环流分量。结合图 2.11 对 k 相上下桥臂分别应用基尔霍夫电压定律,可得

$$u_k - \left(u_\text{o} + \frac{U_d}{2} - u_{k1}\right) = 2L\,\frac{\text{d}i_{k1}}{\text{d}t} + 2Ri_{k1} \tag{2.17}$$

$$u_k - \left(u_\text{o} - \frac{U_d}{2} + u_{k2}\right) = 2L\,\frac{\text{d}i_{k2}}{\text{d}t} + 2Ri_{k2} \tag{2.18}$$

式中,u_o 是直流侧中性点的对地电压;u_{k1} 和 u_{k2} 分别是 k 相上桥臂和下桥臂串联子模块组的输出端电压。将式(2.17)和式(2.18)相加,再在等式两边同除以 2 可得一个新的等式

$$u_k - \left(\frac{u_{k2} - u_{k1}}{2} + u_o\right) = L\frac{\mathrm{d}i_k}{\mathrm{d}t} + Ri_k \tag{2.19}$$

将式(2.17)减去式(2.18),可得

$$(u_{k1} + u_{k2}) - U_d - 4RI_{k\mathrm{dc}} = 4L\frac{\mathrm{d}i_{k\mathrm{ac}}}{\mathrm{d}t} + 4Ri_{k\mathrm{ac}} \tag{2.20}$$

式(2.19)给出了 MMC 通过改变上、下桥臂串联子模块组的输出电压来调节其外部输入电流的数学表达式,描述了换流器外部的动态特性。式(2.20)则描述换流器内部的动态特性。这两个公式都是基于基尔霍夫定律得出的,具有通用性。令

$$e_k = (u_{k2} - u_{k1})/2 \tag{2.21}$$

可以将式(2.20)重写为如下的三相表达式

$$\begin{cases} u_a - (e_a + U_o) = L\dfrac{\mathrm{d}i_a}{\mathrm{d}t} + Ri_a \\[2mm] u_b - (e_b + U_o) = L\dfrac{\mathrm{d}i_b}{\mathrm{d}t} + Ri_b \\[2mm] u_c - (e_c + U_o) = L\dfrac{\mathrm{d}i_c}{\mathrm{d}t} + Ri_c \end{cases} \tag{2.22}$$

根据式(2.22),可以得到如图 2.12 所示的 MMC 交流侧简化等值电路,换流器通过一组等值电感 L 和等值电阻 R 与外部交流系统相连接。

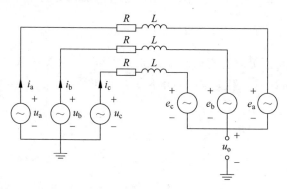

图 2.12　MMC 交流侧简化等值电路

当三相交流系统平衡时,忽略换流器损耗后,相单元环流中的直流分量可以通过功率平衡关系求出,即

$$i_{k\mathrm{dc}} = \frac{U_k - I_k\cos\varphi}{2U_d} = \frac{I_d}{3} \tag{2.23}$$

式中,U_k 和 I_k 分别表示 k 相相电压和相电流的幅值。因此,在三相交流系统平衡时,换流器的总直流电流在 3 个相单元之间均分。MMC 控制框图如图 2.13 所示[77]。

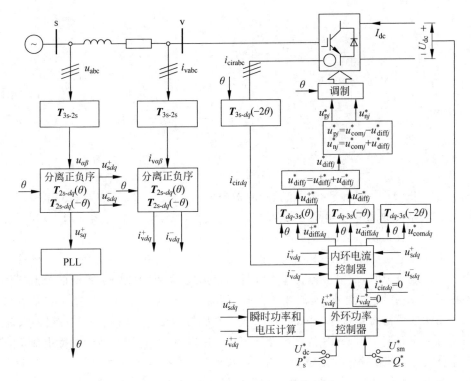

图 2.13　MMC 内外环控制器结构框图

2.7　全功率电力电子电源故障特征

　　全功率型电力电子电源指与电网交换的功率 100% 经过变流器,因此其故障特征完全由变流器决定,包括变流器的过流能力、控制参数、控制策略、控制目标等因素。典型的全功率型电力电子电源包括光伏场站、直驱风机、柔直换流站和电池储能系统等。下文统一简称为全功率电源(full scale power source,FSPS)。全功率电源采用变流器接口,响应速度很快,此处忽略全功率电源的暂态响应过程。

　　交流输电线路发生不对称故障时,全功率电源侧(M 侧)三相电压相量可表示为

$$\dot{U}_{M\eta} = \dot{U}_\eta^+ + \dot{U}_\eta^- + \dot{U}^0 = U^+ \angle (\delta^+ + \theta_\eta) + U^- \angle (\delta^- - \theta_\eta) + k_0 U^0 \angle \delta^0 \quad (2.24)$$

式中,上标"+""−""0"分别为正序、负序、零序分量,对应的 U 表示其电压幅值;对应的 δ 表示其电压初相角;$\eta =$ a,b,c 表示相别,$\theta_a = 0°$、$\theta_b = -120°$、$\theta_c = 120°$;k_0 表示接地系数,$k_0 = 1$ 时表示故障类型为接地故障,$k_0 = 0$ 时为非接地故障。

　　电网电压不平衡时,各种控制目标下参考电流的统一表达式为

$$
\begin{bmatrix} i_\alpha^{+*} \\ i_\beta^{+*} \\ i_\alpha^{-*} \\ i_\beta^{-*} \end{bmatrix} = \frac{2}{3(U^+)^2} \begin{bmatrix} \dfrac{u_\alpha^+ P^*}{1-k_\chi k_\rho^2} + \dfrac{u_\beta^+ Q^*}{1+k_\chi k_\rho^2} \\[2ex] \dfrac{u_\beta^+ P^*}{1-k_\chi k_\rho^2} - \dfrac{u_\alpha^+ Q^*}{1+k_\chi k_\rho^2} \\[2ex] \dfrac{k_\chi u_\alpha^- P^*}{1-k_\chi k_\rho^2} - \dfrac{k_\chi u_\beta^- Q^*}{1+k_\chi k_\rho^2} \\[2ex] \dfrac{k_\chi u_\beta^- P^*}{1-k_\chi k_\rho^2} + \dfrac{k_\chi u_\alpha^- Q^*}{1+k_\chi k_\rho^2} \end{bmatrix} \tag{2.25}
$$

式中，P^* 和 Q^* 分别表示有功和无功的指令值；$k_\rho = U^-/U^+$，表示电网电压不平衡度；k_χ 是在故障穿越期间定义控制目标的实数，当 $k_\chi = 1$、-1 和 0 时，控制目标是分别消除有功功率波动、消除无功功率波动和消除负序电流。

全功率电源的主变压器通常采用 YNd11 接线，存在零序电流通路，当传输线中发生接地故障时，故障电流含零序分量。特别地，柔性直流输电系统的换流变压器除了 YNd 接线方式外，换流变压器阀侧还存在 Y 接且中性点经高阻接地的方式。当输电线路发生接地故障时，由于换流变压器阀侧 Y 形联结绕组中性点接地高阻对零序电流的阻碍作用，导致无法产生零序电流，此时换流站侧故障电流不含零序分量。因此在输电线路中发生接地故障时，全功率电源的输电线路上的故障电流包括正序和负序电流分量，可能还包含零序电流分量。结合式(2.24)和式(2.25)，M 侧的稳态故障电流的相量表达如下

$$
\dot{I}_{M\eta} = I_{vm} \angle(\delta^+ + \varphi + \theta_\eta) - k_\chi k_\rho I_{vm} \angle(\delta^- + \varphi - \theta_\eta) + k_\gamma k_0 I_0 \angle \theta_0 \tag{2.26}
$$

其中

$$
I_{vm} = \frac{2}{3U^+} \sqrt{\left(\frac{P^*}{1-k_\chi k_\rho^2}\right)^2 + \left(\frac{Q^*}{1+k_\chi k_\rho^2}\right)^2}
$$

$$
\varphi = \arctan \frac{-Q^*/(1+k_\chi k_\rho^2)}{P^*/(1-k_\chi k_\rho^2)} \tag{2.27}
$$

式中，I_{vm} 为稳态故障电流中正序电流分量的幅值；I_0、θ_0 分别表示零序电流幅值和初相角，其幅值与初相角由零序电压和零序网络中阻抗共同决定；k_γ 代表变压器低压侧接线方式，当 $k_\gamma = 1$ 时为角接，当 $k_\gamma = 0$ 时为 Y 接且中性点经高阻接地。

由于传统同步发电机惯性时间常数较大，故障前后内电势一般视为不变，因而短路故障期间同步发电机的故障电流很大。而全功率电源由于电力电子器件的弱过流能力、弱阻尼、低惯性特征，导致故障后内电势无法维持恒定，此时叠加原理不再适用，使得工频故障分量距离保护、相电流差突变量选相元件等基于突变量的保护失去物理意义，无法正确动作。

在电路的序故障网络中，同步发电机等效为一个恒定的阻抗。与同步发电机不同，全功率电源的序阻抗不是恒定的。以电池储能站为例，搭建如图 2.7 所示的

电池储能系统并网模型,系统参数如表 2.2 所示,设置送出线路中点发生不同过渡电阻的三相短路,电流参考方向选择电网流向电池储能站为正方向,仿真结果如图 2.14 所示。不同过渡电阻、不同运行模式下正序阻抗的幅值和相角均为变量。除受故障类型和过渡电阻的影响外,全功率电源还受变流器控制策略的影响,故障期间变流器不同的控制目标会导致全功率电源正序、负序阻抗相差较大。例如,当控制目标设置为抑制负序电流时,负序阻抗趋于无穷大且剧烈波动,导致正负序阻抗幅值比趋近于零,并且正负序阻抗相位差不确定,使得基于序故障分量的正序、负序方向元件和选相元件无法正常工作。而且当柔性直流输电系统换流变压器阀侧为中性点经高阻接地时,输电线路发生接地故障,此时换流站侧无法产生零序电流,即故障电流中不含零序分量,此时基于序分量的零序方向元件等保护无法动作。

表 2.2　电池储能系统中各元件仿真参数

元　件	参　数
电池储能站容量	300MW
主变变比	(230/37)kV
主变容量	400MW
接线方式	YNd11
短路阻抗百分比	6%
送出线路电压等级	220kV
线路总长度	50km
线路正序阻抗	$(3.8+j16.9)\Omega$
系统等效正序阻抗	$(3.4+j19.6)\Omega$

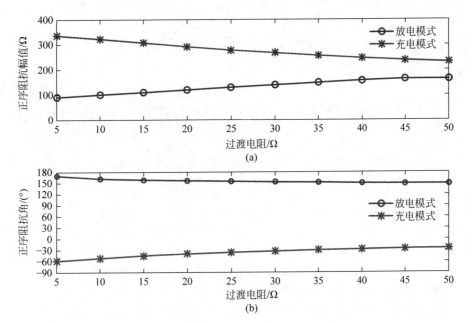

图 2.14　三相短路下正序阻抗幅值相角变化图

　　传统同步发电机最大耐受电流可达到额定电流的数十倍,而电力电子开关器件过流能力较差,为防止过电流损坏电力电子设备,控制策略中往往增加限幅环节,通常设置输出电流不超过额定电流的 1.1~1.5 倍。由式(2.27)可知,故障期间全功率电源短路电流相角特征与故障条件、控制策略相关,前者包含故障类型、故障位置和过渡电阻等,后者包含控制目标、有功和无功功率参考值,理论上初相角可在 0°~360°变化,而传统同步发电机故障电流相角无法自主控制,主要由故障条件和网络参数决定。以光伏电站为例,搭建如图 2.1 所示的光伏发电系统并网模型,设置送出线路在 0.5s 分别发生单相接地故障和两相短路故障,仿真结果如图 2.15 和图 2.16 所示,图中电流单位均为 kA。全功率电源的故障电流与同步电源差异很大:由于全功率电源的弱馈特性,接地故障下以零序分量为主,非接地故障下故障电流相比额定值仅略微增大。

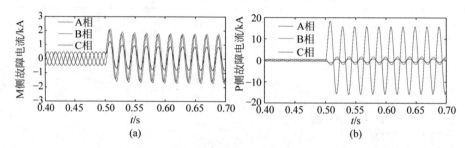

图 2.15　光伏场站送出线路接地故障时两侧电流波形(见文后彩图)
(a) M 侧;(b) P 侧

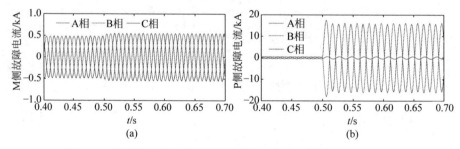

图 2.16　光伏场站送出线路相间故障时两侧电流波形(见文后彩图)
(a) M 侧;(b) P 侧

　　受限于电力电子器件的弱过流能力,全功率电源呈现故障电流幅值受限的弱馈特性。由于变流器的高度可控性/灵活性,故障电流呈现相位受控的特点,测量阻抗相较于传统电网,其幅值和相角都发生较大变化,导致基于测量阻抗的距离保护抗过渡电阻能力弱,还会导致电流差动保护的灵敏性下降甚至拒动。

　　综上所述,全功率电源与同步发电机的故障特征差异如下。

　　(1) 等值序阻抗:故障前后发电机内电势被认为基本保持不变,因而可应用叠加定理得到故障分量网络,其故障等值序阻抗为常量;为了确保不过流,故障后全功率电源内电势迅速变化,故障分量失去原本的物理意义,故障等值序阻抗不再为常量,其幅值和相角均为变量。

(2) 故障电流幅值及成分:发电机输出的故障电流幅值主要受故障严重程度影响,可以是额定电流的数倍甚至十几倍;全功率电源受限于电力电子器件的过流能力,输出故障电流一般不超过额定值的 1.1~1.5 倍。非对称故障下,发电机将同时输出正序和负序电流,严重故障时,正负序电流幅值都较大;非对称故障下,全功率电源是否输出负序电流,取决于变流器的控制策略,且正负序电流构成的三相故障电流幅值不超过电流限幅值,因此,正负序电流均呈现弱馈特性。

(3) 故障电流相角:发电机输出的故障电流相角主要受网络参数和故障条件影响,无法实现自主可控,是被动的、不受控的;全功率电源输出故障电流相角特性受控制策略、控制参数、故障条件、网络参数、并网导则、电源故障前功率等诸多因素影响,具有较好的可控性,可能的变化范围很大。

全功率电源与传统同步发电机的故障特征存在本质差异,导致依赖传统电力系统故障特征的距离保护、选相元件、方向元件及差动保护等继电保护方法存在适应性下降甚至失效的风险,严重威胁电力系统的运行安全。

2.8　双馈型电源故障特征

双馈风电机组的出口电流由定子输出电流和网侧变流器输出电流两部分组成,但网侧变流器仅仅流过转差功率,其输出电流对 DFIG 总短路电流影响很小,所以送出线路发生故障时,可以用定子短路电流近似代替总短路电流[78]。

双馈风电机组在 dq 旋转坐标系下定、转子的电压和磁链的正序、负序分量可表示为[79]

$$\begin{cases} u_{s+}^{P} = R_s i_{s+}^{P} + \dfrac{\mathrm{d}\psi_{s+}^{P}}{\mathrm{d}t} + \mathrm{j}\omega_s \psi_{s+}^{P} \\[2mm] u_{r+}^{P} = R_r i_{r+}^{P} + \dfrac{\mathrm{d}\psi_{r+}^{P}}{\mathrm{d}t} + \mathrm{j}s\omega_s \psi_{r+}^{P} \\[2mm] \psi_{s+}^{P} = L_s i_{s+}^{P} + L_m i_{r+}^{P} \\[2mm] \psi_{r+}^{P} = L_r i_{r+}^{P} + L_m i_{s+}^{P} \end{cases} \tag{2.28}$$

$$\begin{cases} u_{s-}^{N} = R_s i_{s-}^{N} + \dfrac{\mathrm{d}\psi_{s-}^{N}}{\mathrm{d}t} - \mathrm{j}\omega_s \psi_{s-}^{N} \\[2mm] u_{r-}^{N} = R_r i_{r-}^{N} + \dfrac{\mathrm{d}\psi_{r-}^{N}}{\mathrm{d}t} - \mathrm{j}(2-s)\omega_s \psi_{r-}^{N} \\[2mm] \psi_{s-}^{N} = L_s i_{s-}^{N} + L_m i_{r-}^{N} \\[2mm] \psi_{r-}^{N} = L_r i_{r-}^{N} + L_m i_{s-}^{N} \end{cases} \tag{2.29}$$

当发生跌落较深故障时,忽略撬棒电阻的投入时间,u_r 近似等于零。设撬棒电路中电阻为 R_c,则此时的转子电阻 R'_r 可表示为

$$R'_r = R_c + R_r \tag{2.30}$$

将式(2.30)进行拉普拉斯变换可得

$$
\begin{cases}
u_+/p = R_s I^P_{s+}(p) + p\psi^P_{s+}(p) - \psi_{s[0]} + j\omega_s \psi^P_{s+}(p) \\
0 = R'_r I^P_{r+}(p) + p\psi^P_{r+}(p) - \psi_{r[0]} + js\omega_s \psi^P_{r+}(p) \\
\psi^P_{s+}(p) = L_s I^P_{s+}(p) + L_m I^P_{r+}(p) \\
\psi^P_{r+}(p) = L_r I^P_{r+}(p) + L_m I^P_{s+}(p)
\end{cases} \tag{2.31}
$$

式中,u_+ 表示故障期间正序电压;$I(p)$、$\psi(p)$ 分别为所对应的电流和磁链;$\psi_{s[0]}$、$\psi_{r[0]}$ 分别为故障前定子、转子磁链的初始值;p 表示拉普拉斯算子。

由于定子电阻很小,暂可忽略不计,在式(2.31)中消去定子磁链、转子磁链和转子电流后并进行拉普拉斯变换,可得简化后的定子故障电流中正序分量为

$$
\begin{cases}
i^P_{s+} = \dfrac{u_+}{Z_{a+}} + \dfrac{u_s - u_+}{Z_{b+}} e^{-j\omega_s t} e^{-t/T_s} - \left(\dfrac{u_+}{Z_{a+}} + \dfrac{u_s - u_+}{Z_{b+}} + P_0 \right) e^{-js\omega_s t} e^{-t/T_r} \\
Z_{a+} = \dfrac{j\omega_s L_s (R'_r + js\omega_s L_{rr})}{R'_r + js\omega_s L_r} \\
Z_{b+} = \dfrac{j\omega_s L_s (R'_r - j(1-s)\omega_s L_{rr})}{R'_r - j(1-s)\omega_s L_r} \\
L_{rr} = L_r - \dfrac{L_m^2}{L_s}
\end{cases} \tag{2.32}
$$

式中,T_s、T_r 分别表示定子暂态时间常数、转子暂态时间常数。

由式(2.32)可知,故障期间定子故障电流正序分量中含有基波、直流量和衰减转速频率分量。但双馈风机撬棒电路保护投入后,直流量和衰减转速频率分量仅在故障发生的瞬间大量存在,但几十毫秒便会衰减至零。由于本章主要研究稳态时故障电流对继电保护的影响,所以线路发生跌落较深故障时,定子正序故障电流为

$$i^P_{s+} = \frac{u_+}{Z_{a+}} \tag{2.33}$$

忽略很小的定子电阻、转子电阻及定子暂态可以得到变流器控制下简化的定子正序电流表达式为

$$i^P_{s+} = \frac{P^* - jQ^*}{u_+} - j\frac{(u_s - u_+)L_m^2}{Z_{b+} L_s^2 L_{rr}} e^{-j\omega_s t} e^{-t/T_s} \tag{2.34}$$

式中,P^*、Q^* 分别为故障期间变流器控制策略中有功功率、无功功率参考值。

因此,在变流器控制下稳态时,定子故障电流正序分量为

$$i^P_{s+} = \frac{P^* - jQ^*}{u_+} \tag{2.35}$$

由于双馈风机变流器目前仅对正序分量进行控制,故障期间不会提供负序励磁电压,所以故障发生后,无论是否投入撬棒电阻,转子负序电压都将为零,即负序电流的计算无须区分撬棒控制还是变流器控制,可以统一求解。若故障后的定子负序电压矢量变为 u_-,考虑到故障前定转子磁链中不存在负序分量,将式(2.29)进行拉普拉斯变换可得

$$\begin{cases} u_-/p = R_s i_{s-}^N(p) + p\psi_{s-}^N(p) - j\omega_s\psi_{s-}^N(p) \\ 0 = R_r i_{r-}^N(p) + p\psi_{r-}^N(p) - j(2-s)\omega_s\psi_{r-}^N(p) \\ \psi_{s-}^N(p) = L_s i_{s-}^N(p) + L_m i_{r-}^N(p) \\ \psi_{r-}^N(p) = L_r i_{r-}^N(p) + L_m i_{s-}^N(p) \end{cases} \quad (2.36)$$

由于定子电阻很小,可忽略不计,在式(2.36)中消去定子磁链、转子磁链和转子电流后进行拉普拉斯变换,可得简化的定子负序电流为

$$\begin{cases} i_{s-}^N = \dfrac{u_-}{Z_{a-}} + \dfrac{u_-}{Z_{b-}} e^{j\omega_s t} e^{-t/T_s} - \left(\dfrac{u_-}{Z_{a-}} + \dfrac{u_-}{Z_{b-}}\right) e^{j(2-s)\omega_s t} e^{-t/T_r} \\ Z_{a-} = \dfrac{-j\omega_s L_s[R_r' - j(2-s)\omega_s L_{rr}]}{R_r' - j(2-s)\omega_s L_r} \\ Z_{b-} = \dfrac{-j\omega_s L_s[R_r' - j(1-s)\omega_s L_{rr}]}{R_r' - j(1-s)\omega_s L_r} \end{cases} \quad (2.37)$$

式(2.37)是针对撬棒电阻投入所推导的定子负序电流,变流器控制时与式(2.37)的负序表达式类似,区别在于转子电阻 R_r'。

由于本章主要研究稳态时故障电流对继电保护的影响,所以系统发生故障时,定子负序电流为

$$i_{s-}^N = \frac{u_-}{Z_{a-}} \quad (2.38)$$

交流输电线路发生不对称故障时,风电场侧(M 侧)三相电压相量可表示为

$$\dot{U}_{M\eta} = \dot{U}_\eta^+ + \dot{U}_\eta^- + \dot{U}^0 = U^+ \angle(\delta^+ + \varphi_\eta) + U^- \angle(\delta^- - \varphi_\eta) + k_0 U^0 \angle\delta^0 \quad (2.39)$$

式中,上标"+""-""0"分别为正序、负序、零序分量,对应的 U 表示其电压幅值;对应的 δ 表示其电压初相角;$\eta = $ a,b,c 表示相别,$\varphi_a = 0°$、$\varphi_b = -120°$,$\varphi_c = 120°$;k_0 表示接地系数,$k_0 = 1$ 时表示故障类型为接地故障,$k_0 = 0$ 时为非接地故障。

假设风电场内双馈风机型号容量均一致(N 台),由式(2.32)、式(2.33)和式(2.39)可得,风电场侧故障后稳态时三相电流相量统一表达式为

$$\dot{I}_{M\eta} = \underbrace{\frac{k_m U^+}{|Z_{a+}|} \angle(\delta^+ + \varphi_\eta - \theta_{a+} + \pi)}_{\text{正序分量}} + \underbrace{\frac{k_m U^-}{|Z_{a-}|} \angle(\delta^- - \varphi_\eta - \theta_{a-} + \pi)}_{\text{负序分量}} + \underbrace{k_\gamma k_0 I_0 \angle\varphi_0}_{\text{零序分量}}$$

或

$$\dot{I}_{M\eta} = \underbrace{\frac{\sqrt{(P^*)^2 + (Q^*)^2}}{U^+} \angle (\delta^+ + \varphi_\eta + \theta)}_{\text{正序分量}} + \underbrace{\frac{k_m U^-}{|Z_{a-}|} \angle (\delta^- - \varphi_\eta - \theta_{a-} + \pi)}_{\text{负序分量}} +$$

$$\underbrace{k_\gamma k_0 I_0 \angle \varphi_0}_{\text{零序分量}} \tag{2.40}$$

其中

$$\begin{cases} |Z_{a+}| = \omega_s L_s \sqrt{\dfrac{R_r'^2 + (s\omega_s L_{rr})^2}{R_r'^2 + (s\omega_s L_r)^2}} \\[3mm] |Z_{a-}| = \omega_s L_s \sqrt{\dfrac{R_r'^2 + [(2-s)\omega_s L_{rr}]^2}{R_r'^2 + [(2-s)\omega_s L_r]^2}} \\[3mm] \theta_{a+} = \arctan \dfrac{L_s(R_r'^2 + s^2 \omega_s^2 L_r L_{rr})}{R_r' s \omega_s L_m^2} \\[3mm] \theta_{a-} = \arctan \dfrac{L_s[R_r'^2 + (2-s)^2 \omega_s^2 L_r L_{rr}]}{R_r' (2-s) \omega_s L_m^2} \\[3mm] \theta = \arctan \dfrac{-Q^*}{P^*} \end{cases} \tag{2.41}$$

式中，k_m 为风电场侧电流系数；$k_m = N/k_T^2$，N 表示风电场内双馈风机数目，k_T 表示换流变压器变比；P^*、Q^* 分别为故障期间风电场的有功指令、无功指令。

为验证上述对双馈型电源故障特征分析的正确性，搭建如图 2.4 所示的双馈风力发电系统并网模型，设置送出线路在 3s 分别发生单相接地故障和两相短路故障，仿真结果如图 2.17 和图 2.18 所示，其中电流单位为 kA。仿真结果证明了双馈型电源具有弱馈特性，且故障电流中含非工频分量，当发生接地故障时双馈型电源侧故障电流以零序电流为主，与理论分析相符。

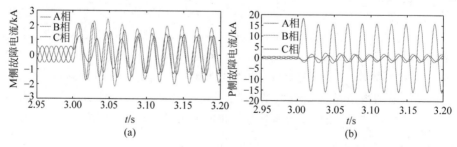

图 2.17　双馈风场送出线路接地故障时两侧电流波形（见文后彩图）

(a) M 侧；(b) P 侧

综上所述，双馈型电源与同步发电机的故障特征差异如下。

(1) 双馈型电源的故障电流特征明显不同于同步电源故障电流特征。在电压

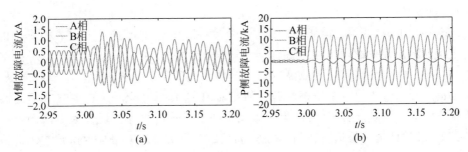

图 2.18 双馈风场送出线路相间故障时两侧电流波形(见文后彩图)
(a) M 侧;(b) P 侧

跌落较小,硬件保护电路未投入时,受变流器中的控制参数影响较大。等值序阻抗、故障电流幅值及成分、故障电流相角等特性与全功率电源类似,此处不再赘述。

(2)双馈型电源的故障电流在撬棒电阻投入时,主要呈现异步发电机的特性。故障前后双馈型电源内电势迅速变化,故障分量失去原本的物理意义,故障等值序阻抗不再为常量,其幅值和相角均为变量,受撬棒电阻及双馈风机参数影响;双馈型电源输出故障电流也呈现弱馈特性,受撬棒电阻及 DFIG 转子电阻等参数影响较大。若发生接地故障,故障电流以零序电流为主;若发生非接地故障,故障电流由正序、负序电流组成。当投入撬棒保护后故障电流含有衰减转速频分量,频率与故障前转速相关,双馈型电源输出故障电流相角受撬棒电阻、风机参数、故障条件、网络参数、并网导则、电源故障前转速等诸多因素影响,可能的变化范围很大。

双馈型电源与传统同步发电机的故障特征同样存在本质差异,导致依赖传统电力系统故障特征的距离保护、选相元件、方向元件及差动保护等继电保护方法存在适应性下降甚至失效的风险,严重威胁电力系统的运行安全性。

2.9 本章小结

本章首先对光伏发电系统、双馈风力发电系统、永磁直驱风力发电系统、电池储能系统、柔性直流输电系统等几类电源的工作原理、数学模型和控制策略进行了详细介绍。分析了全功率电源和双馈型电源故障电流特征,具体如下。

(1)推导了不同控制目标下全功率电源侧故障电流相量数学表达式,受限于电力电子开关器件的过流能力,全功率电源呈现故障电流幅值受限的弱馈特性。由于变流器具备高度可控性/灵活性,故障电流呈现相位受控的特点,全功率电源侧故障电流的幅值与相位受过流能力、有功指令、无功指令、控制策略、控制目标及故障条件等因素影响。

(2)基于双馈风机的特性及其低电压穿越方法,推导了不同故障深度时撬棒电阻投入和未投入两种情况下双馈型电源场侧故障电流表达式,并以此为基础,着重对发生较严重故障且撬棒电路投入时故障电流进行分析,通过仿真验证了理论分析的正确性。

　　全功率电源、双馈型电源与传统电源故障特征均不相同,前两者接入必将恶化传统电网继电保护的动作性能,进而势必对电网的稳定可靠运行带来挑战。特别地,对于双馈型电源而言,其故障特征与全功率电源存在显著区别。受篇幅所限,本书的后续章节主要以全功率电源为研究对象,全面阐述全功率电源接入后距离保护、选相元件、负序方向元件、电流差动保护等传统继电保护适应性下降的根本原因,并针对此提出能适应新型电力系统故障特征,并能应对采样数据异常、CT饱和、测量误差等非理想情况的继电保护新方法。

第3章

距离保护适应性分析及距离保护新方法

3.1　引言

　　距离保护是高压输电线路的常用保护方法[80-82]，其应用于高电压等级复杂网络中，可以快速、有选择性地切除故障元件，不受系统运行方式的影响。因此，距离保护的正确动作对传统电网稳定、可靠与安全运行起到至关重要的作用。本章重点分析全功率电源接入对基于测量阻抗的距离保护和对故障分量距离保护的影响机理，对新型电力系统中距离保护的研究具有参考价值。

　　相比同步发电机，全功率电源输出幅值受限、相角受控的故障电流特征将放大过渡电阻对全功率电源侧距离保护的负面影响，增大其拒动的风险。相比接地故障，非接地故障情况下，距离保护拒动风险更高。为此，本章提出了一种基于自适应方向圆特性的距离保护方案，该方案可以根据附加阻抗的幅值和相位变化自适应调整距离保护的整定范围，克服了过渡电阻对距离保护动作性能的负面影响并能适应全功率电源的故障特征。

3.2　距离保护适应性分析

3.2.1　基于测量阻抗的距离保护适应性分析

　　图 3.1 中，继电器 R_1 位于线路 MN 的全功率电源侧，继电器 R_2 位于线路

MN 的电网侧。当输电线路发生故障时,继电器 R_1 和继电器 R_2 的测量阻抗均为测量电压 $\dot{U}_m$ 与测量电流 $\dot{I}_m$ 的比值,即

$$Z_m = \frac{\dot{U}_m}{\dot{I}_m} = xZ_{L1} + \Delta Z \tag{3.1}$$

式中,x 表示从保护安装处到故障点的距离;Z_{L1} 表示线路 MN 单位长度正序阻抗,ΔZ 表示由过渡电阻引起的故障附加阻抗。

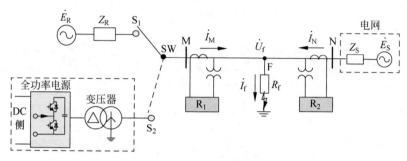

图 3.1　全功率电源对距离保护影响分析模型

1. 接地故障下全功率电源对距离保护的影响

本节研究接地故障下全功率电源对距离保护的影响。本书中,ABC 表示电网的三相,G 表示接地。如图 3.1 所示,假设线路经过渡电阻 R_f 发生 A 相接地(AG)故障,无论继电器 R_1 还是继电器 R_2,测量阻抗都包括附加阻抗和线路故障阻抗。阻抗继电器的性能主要受过渡电阻 R_f 引起的附加阻抗 ΔZ 的影响。

当同步电源 $\dot{E}_R$ 连接到母线 M 时,式(3.1)中继电器 R_1 的附加阻抗可以表示为

$$\Delta Z_{ss}^{R_1} = \frac{\dot{I}_{fa}}{\dot{I}_{Ma} + 3K\dot{I}_{Ma0}} R_f = \frac{3\dot{I}_{fa0}}{\dot{I}_{Ma} + 3K\dot{I}_{Ma0}} R_f$$

$$= \frac{3\dot{I}_{fa0}}{\underbrace{\dot{I}_{Ma}^{[0]} + \Delta\dot{I}_{Ma1}}_{\dot{I}_{Ma1}} + \dot{I}_{Ma2} + (1+3K)\dot{I}_{Ma0}} R_f \tag{3.2}$$

式中,上标"[0]"表示故障前分量,$\dot{I}_{Ma}^{[0]}$ 表示测量点 M 处故障前负荷电流;下标 1、2 和 0 分别表示正序、负序和零序分量,$\dot{I}_{Ma1}$ 表示故障后正序电流,$\Delta\dot{I}_{Ma1}$ 表示电流故障分量即故障后电流和故障前负荷电流之差;K 为零序电流补偿系数,$K = (Z_{L0} - Z_{L1})/(3Z_{L1})$。

对于仅含同步电源的常规电力系统,在 AG 故障的情况下满足如下关系

$$\arg(\Delta \dot{I}_{Ma1}) = \arg(\dot{I}_{Ma2}) \approx \arg(\dot{I}_{Ma0}) \approx \arg(\dot{I}_{fa0}) \tag{3.3}$$

此外,与正序故障电流分量相比,故障前负荷电流可以忽略不计。因此,式(3.2)可以进一步简化为

$$\Delta Z_{ss}^{R_1} \approx \frac{3 |\dot{I}_{fa0}|}{|\Delta \dot{I}_{Ma1}| + |\dot{I}_{Ma2}| + |(1+3K)\dot{I}_{Ma0}|} R_f \tag{3.4}$$

当全功率电源连接到母线 M 时,由于电力电子器件的过流能力较差,$|\dot{I}_{Ma}^{[0]} + \Delta \dot{I}_{Ma1} + \dot{I}_{Ma2}|$ 通常明显小于 $|(1+3K)\dot{I}_{Ma0}|$。因此,继电器 R_1 的附加阻抗可简化为

$$\Delta Z_{FSPS}^{R_1} \approx \frac{3 |\dot{I}_{fa0}|}{|(1+3K)\dot{I}_{Ma0}|} R_f \tag{3.5}$$

比较式(3.4)和式(3.5),$|\Delta Z_{FSPS}^{R_1}| > |\Delta Z_{ss}^{R_1}|$。因此,与同步电源相比,全功率电源进一步加剧了过渡电阻对全功率电源侧阻抗继电器即继电器 R_1 的不利影响。

与前面的分析和推导过程类似,继电器 R_2 的附加阻抗表示为

$$\begin{cases} \Delta Z_{ss}^{R_2} \approx \dfrac{3 |\dot{I}_{fa0}|}{|\Delta \dot{I}_{Na1}| + |\dot{I}_{Na2}| + |(1+3K)\dot{I}_{Na0}|} R_f \\[4mm] \Delta Z_{FSPS}^{R_2} \approx \dfrac{3 |\dot{I}_{fa0}|}{|\dot{I}_{fa1}| + |\dot{I}_{fa2}| + |(1+3K)\dot{I}_{Na0}|} R_f \end{cases} \tag{3.6}$$

式(3.6)中,$|\Delta Z_{FSPS}^{R_2}| < |\Delta Z_{ss}^{R_2}|$。这表明全功率电源可以减轻过渡电阻对电网侧阻抗继电器即继电器 R_2 的不利影响。

图 3.2 显示了线路 MN 中点处发生经过渡电阻为 10Ω 的 AG 故障时的附加阻抗。全功率电源运行在逆变模式下。在图 3.2 中,$|\Delta Z_{ss}^{R_1}| < |\Delta Z_{FSPS}^{R_1}|$,$|\Delta Z_{ss}^{R_2}| > |\Delta Z_{FSPS}^{R_2}|$。附加阻抗 ΔZ 表示测量阻抗 Z_m 和线路故障阻抗 $x Z_{L1}$ 之差。附加阻抗 ΔZ 越小,阻抗继电器的性能越好。从图 3.2 可以看出,与同步电源相比,全功率电源进一步加剧了过渡电阻对继电器 R_1 的不利影响,同时也减轻了过渡电阻对继电器 R_2 的不利影响。这一结论与上述理论分析一致。

2. 非接地故障下全功率电源对距离保护的影响

本节研究非接地故障下全功率电源对距离保护的影响,假设发生经过渡电阻为 $2R_f$ 的 BC 相间短路(BC)故障。当同步电源 $\dot{E}_R$ 连接到母线 M 时,忽略故障前负荷电流,继电器 R_1 的附加阻抗可以表示为

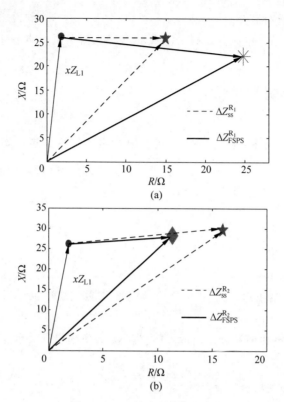

图 3.2　AG 故障下附加阻抗

（a）继电器 R_1；（b）继电器 R_2

$$\Delta Z_{\mathrm{ss}}^{R_1} = \frac{\dot{I}_{\mathrm{fb}} - \dot{I}_{\mathrm{fc}}}{\dot{I}_{\mathrm{Mb}} - \dot{I}_{\mathrm{Mc}}} R_{\mathrm{f}} = \left(1 + \frac{\dot{I}_{\mathrm{Nb}} - \dot{I}_{\mathrm{Nc}}}{\dot{I}_{\mathrm{Mb}} - \dot{I}_{\mathrm{Mc}}}\right) R_{\mathrm{f}}$$

$$\approx \left(1 + \frac{(\Delta \dot{I}_{\mathrm{Nb1}} - \Delta \dot{I}_{\mathrm{Nc1}}) + (\dot{I}_{\mathrm{Nb2}} - \dot{I}_{\mathrm{Nc2}})}{(\Delta \dot{I}_{\mathrm{Mb1}} - \Delta \dot{I}_{\mathrm{Mc1}}) + (\dot{I}_{\mathrm{Mb2}} - \dot{I}_{\mathrm{Mc2}})}\right) R_{\mathrm{f}}$$

$$\approx \left(1 + \frac{|\Delta \dot{I}_{\mathrm{Na1}}|}{|\Delta \dot{I}_{\mathrm{Ma1}}|}\right) R_{\mathrm{f}} \tag{3.7}$$

当全功率电源连接到母线 M 时，式（3.1）中继电器 R_1 的附加阻抗可以表示为

$$\Delta Z_{\mathrm{FSPS}}^{R_1} \approx \left(1 + \frac{(\Delta \dot{I}_{\mathrm{Nb1}} - \Delta \dot{I}_{\mathrm{Nc1}}) + (\dot{I}_{\mathrm{Nb2}} - \dot{I}_{\mathrm{Nc2}})}{(\dot{I}_{\mathrm{Mb1}} - \dot{I}_{\mathrm{Mc1}})}\right) R_{\mathrm{f}}$$

$$\approx \left(1 + \frac{2\Delta \dot{I}_{\mathrm{Na1}}}{\dot{I}_{\mathrm{Ma1}}}\right) R_{\mathrm{f}} \tag{3.8}$$

比较式（3.7）和式（3.8），$\Delta Z_{\mathrm{ss}}^{R_1}$ 的相角约为 0°，而全功率电源的控制系统对

$\Delta Z_{\text{FSPS}}^{\text{R}_1}$ 的相角影响很大。通常情况下,式(3.7)中$|\Delta \dot{I}_{\text{Ma1}}|$和$|\Delta \dot{I}_{\text{Na1}}|$之间差别不是特别显著。由于全功率电源的过流能力较差,式(3.8)中$|\Delta \dot{I}_{\text{Na1}}|$远大于$|\Delta \dot{I}_{\text{Ma1}}|$。因此,与同步电源相比,全功率电源显著加剧了过渡电阻对继电器 R_1 的不利影响。

与前面的分析和推导过程类似,继电器 R_2 的附加阻抗表示为

$$
\begin{cases}
\Delta Z_{\text{ss}}^{\text{R}_2} \approx \left(1 + \dfrac{|\Delta \dot{I}_{\text{Ma1}}|}{|\Delta \dot{I}_{\text{Na1}}|}\right) R_{\text{f}} \\[4mm]
\Delta Z_{\text{FSPS}}^{\text{R}_2} \approx \left(1 + \dfrac{\dot{I}_{\text{Ma1}}}{2\Delta \dot{I}_{\text{Na1}}}\right) R_{\text{f}} \approx R_{\text{f}}
\end{cases}
\tag{3.9}
$$

如式(3.9)所示,$|\Delta Z_{\text{ss}}^{\text{R}_2}|$大于$|\Delta Z_{\text{FSPS}}^{\text{R}_2}|$,全功率电源减轻了过渡电阻对继电器 R_2 的不利影响。

图 3.3 显示了线路 MN 中点处发生经过渡电阻为 10Ω 的 BC 故障时的附加阻抗。图 3.3 所示结果与上述理论分析一致。

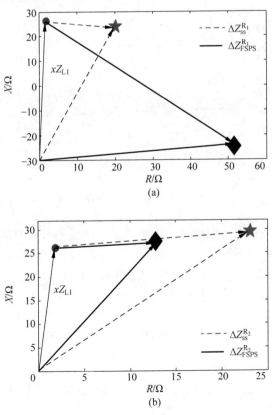

图 3.3　BC 故障下附加阻抗

(a) 继电器 R_1；(b) 继电器 R_2

需要指出,上述分析过程不适用于高阻故障。根据前面的分析,全功率电源连接到母线 M 情况下,即使过渡电阻不大,阻抗继电器也可能误动。在高阻故障情况下,较大的附加阻抗会导致阻抗继电器存在更高的风险误动。

3. 全功率电源侧基于测量阻抗的距离保护性能分析

根据前面的分析,全功率电源加剧了过渡电阻对全功率电源侧阻抗继电器即继电器 R_1 的不利影响,而减轻了过渡电阻对网侧阻抗继电器即继电器 R_2 的不利影响。因此,继电器 R_1 容易误动。本小节将验证全功率电源侧阻抗继电器的性能问题。

继电器 R_1 的距离保护 I 段保护范围设置为线路 MN 的 80%。下面通过两个算例说明全功率电源侧阻抗继电器的性能问题。以 VSC-HVDC 系统为例验证,在情况 1 中,线路 MN 的 60% 处发生经过渡电阻为 8Ω 的 A 相接地故障,位于继电器 R_1 距离保护 I 段范围之内。VSC-HVDC 系统工作在整流模式。在情况 2 中,线路 MN 的 90% 处发生经过渡电阻为 2Ω 的 BC 相间短路故障,位于继电器 R_1 距离保护 I 段范围之外。VSC-HVDC 系统工作在逆变模式。继电器 R_1 的测量阻抗如图 3.4 所示。

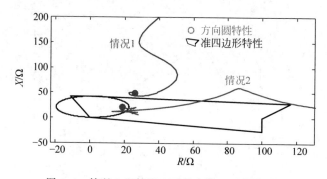

图 3.4　情况 1 和情况 2 下继电器 R_1 测量阻抗

如图 3.4 所示,情况 1 中的测量阻抗落在方向圆特性和准四边形特性动作区域外,而情况 2 中的测量阻抗落在方向圆特性和准四边形特性动作区域内。因此,情况 1 对应的区内故障被误认为区外故障,继电器 R_1 无法动作。情况 2 对应的区外故障被误认为区内故障,导致继电器 R_1 误动。

3.2.2　工频故障分量距离保护适应性分析

1. 工频故障分量距离保护工作原理

故障分量距离保护的动作判据通过对继电器安装处的电压、电流的故障分量之间关系进行分析得到[83-85]

$$| \Delta \dot{U}_{\text{op}} | = | \Delta \dot{U}_{\text{M}} - \Delta \dot{I}_{\text{M}} Z_{\text{set}} | \geqslant | \dot{U}_{\text{f}}^{[0]} | \qquad (3.10)$$

式中，Z_{set} 为保护的整定阻抗；$\Delta\dot{U}_M$、$\Delta\dot{I}_M$ 分别表示保护安装处电压、电流的故障分量；$\Delta\dot{U}_{op}$、$\dot{U}_f^{[0]}$ 分别表示保护末端的电压整定值、故障点故障前电压。

本节以距离 I 段为例，研究全功率电源接入对故障分量距离保护动作特性。图 3.5 为传统电网故障分量距离保护工作原理，由于传统电网中线路阻抗、变压器阻抗等阻抗角基本相等，所以 $\Delta\dot{U}_{op}$、$\Delta\dot{U}_M$、$\dot{U}_f^{[0]}$ 三者基本同相。根据图 3.5 可知，若发生区内故障，则 $|\Delta\dot{U}_{op}| > |\dot{U}_f^{[0]}|$，故障分量距离保护能正确判断区内故障；若发生区外故障，则 $|\Delta\dot{U}_{op}| < |\dot{U}_f^{[0]}|$，故障分量距离保护将发生拒动。而且故障点离整定阻抗点越远，故障分量距离保护的灵敏性越高。

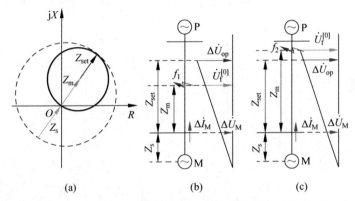

图 3.5　故障分量距离保护工作原理

（a）动作特性图；（b）区内故障；（c）区外故障

结合式(3.10)和图 3.5 可知，故障附加网络中的阻抗 Z_s、Z_m 和 Z_{set} 的阻抗相角相等是故障分量距离保护正确工作的最理想条件。因此，式(3.10)所述动作判据可转化为阻抗形式，即

$$\begin{cases} |Z_s + Z_{set}| \geqslant |Z_s + Z_m| \\ Z_s = -\dfrac{\Delta\dot{U}_{M\eta}}{\Delta\dot{I}_{M\eta} + 3K\dot{I}_0}, Z_m = \dfrac{\dot{U}_{M\eta}}{\dot{I}_{M\eta} + 3K\dot{I}_0}, \quad 接地故障 \\ Z_s = -\dfrac{\Delta\dot{U}_{M\varphi\varphi}}{\Delta\dot{I}_{M\varphi\varphi}}, Z_m = \dfrac{\dot{U}_{M\varphi\varphi}}{\dot{I}_{M\varphi\varphi}}, \quad 相间故障 \end{cases} \tag{3.11}$$

式中，Z_s 为全功率电源侧阻抗；Z_m 为测量阻抗；$\eta = a, b, c$；$\varphi\varphi = ab, bc, ca$；$K$ 为零序补偿系数，$K = (z_0 - z_1)/(3z_1)$，z_1 和 z_0 分别线路单位长度的正序、零序阻抗。

结合 3.2.1 节分析，全功率电源接入电网后，整定阻抗 Z_{set} 并不受影响，并且在传统电网中 Z_s 基本保持恒定。但由式(2.26)、式(2.27)可知，全功率电源侧故障电流与传统同步发电机故障电流差异明显。因此，Z_s 和 Z_m 受全功率电源接入影响较大，使 Z_s 和 Z_m 在幅值与相角特性上与传统同步发电机电源存在显著区别，进而导致故障分量距离保护不能正确动作。下面将从对 Z_s 和 Z_m 两方面影响分别进行分析。

2. 全功率电源侧等效阻抗特性分析

根据式(3.11)可知，若测量阻抗与实际故障阻抗相等，则研究全功率电源接入对故障分量距离保护影响的实质就是研究全功率电源侧阻抗特性。本节以区内金属性故障为例研究 Z_s 相角变化对故障分量距离保护动作特性影响。图 3.6 所示为 Z_s 相角变化对故障分量距离保护动作特性。其中虚线和实线分别表示 Z_s 幅值较小和 Z_s 幅值较大两种情况。

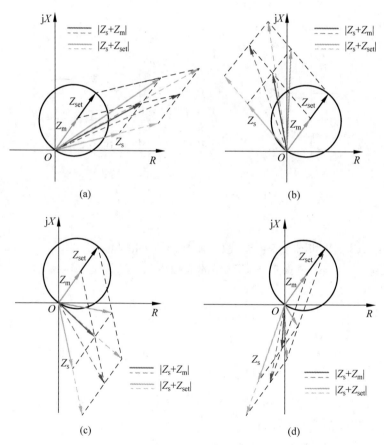

图 3.6　Z_s 的相位角变化对故障分量距离保护的影响（见文后彩图）

(a) $0°<\arg(Z_s)<90°$；(b) $90°<\arg(Z_s)<180°$；(c) $-90°<\arg(Z_s)<0°$；(d) $-180°<\arg(Z_s)<-90°$

从图 3.6 可总结出以下结论。

(1) 当 $0°<\arg(Z_s)<180°$，该阻抗关系仍满足式(3.11)所示的阻抗形式动作

判据,故障分量距离保护能可靠动作,但当 Z_s 的幅值较大,可能导致故障分量距离保护动作灵敏度下降。

(2) 当 $-90°<\arg(Z_s)<0°$,当 Z_s 的幅值较小时,阻抗关系仍满足式(3.11)所示的阻抗形式动作判据,故障分量距离保护仍能正确动作;当 Z_s 的幅值较大时,阻抗关系并不满足式(3.11)所示的阻抗形式动作判据,故障分量距离保护不能正确动作。由于全功率电源呈弱馈特性,Z_s 的幅值相对很大,因此该故障分量距离保护将会发生拒动。

(3) 当 $-180°<\arg(Z_s)<-90°$,故障分量距离保护对 M 侧系统阻抗 Z_s 的变化更加敏感,从而更易导致故障分量距离保护不正确动作。

1) 相间故障时 Z_s 阻抗特性

假设故障前三相电压和三相电流相量表达式为

$$\begin{cases} \dot{U}_{M\eta}^{[0]} = \dfrac{U^+}{k_\lambda} \angle(\delta^+ - \Delta\delta + \varphi_\eta) \\[3mm] \dot{I}_{M\eta}^{[0]} = I_{Nm} \angle(\delta^+ - \Delta\delta + \varphi_\eta) \\[3mm] I_{Nm} = \dfrac{2k_\lambda P_0}{3U^+} \end{cases} \qquad (3.12)$$

式中,$\Delta\delta$ 为正序电压跳变角;k_λ 为正序电压跌落系数;P_0 为正常运行时全功率电源功率。

通常并网逆变器中要求输出故障电流三相对称,因此对应的控制目标 $k_\chi = 0$。若光伏电站送出线路上发生区内相间故障,Z_s 幅值和相角可分别表示为

$$|Z_s| = \left| \frac{\Delta\dot{U}_{M\varphi\varphi}}{\Delta\dot{I}_{M\varphi\varphi}} \right| = \frac{U^+}{I_{Nm}} \cdot$$

$$\frac{\sqrt{1 + k_\rho^2 + 1/k_\lambda^2 + 2k_\rho\cos(\delta^+ - \delta^- + \theta_{\varphi\varphi}) - \cos(\Delta\delta) - 2k_\rho/k_\lambda \cos(\delta^+ - \delta^- - \Delta\delta + \theta_{\varphi\varphi})}}{\sqrt{1 + \left(\dfrac{I_{vm}}{I_{Nm}}\right)^2 - \dfrac{2I_{vm}}{I_{Nm}}\cos(\varphi + \Delta\delta)}}$$

$$(3.13)$$

$$\arg(Z_s) = \arg\left(-\frac{\Delta\dot{U}_{M\varphi\varphi}}{\Delta\dot{I}_{M\varphi\varphi}}\right) = \arg\left(\frac{C^+ Z_{s+} + C^- Z_{s-}}{C^+ + C^-}\right)$$

$$= \arctan\left[\frac{k_\lambda\left(\sin\Delta\delta + \dfrac{I_{vm}}{I_{Nm}}\sin\varphi\right) - \dfrac{I_{vm}}{I_{Nm}}\sin(\varphi + \Delta\delta)}{k_\lambda\left(\cos\Delta\delta - \dfrac{I_{vm}}{I_{Nm}}\cos\varphi\right) + \dfrac{I_{vm}}{I_{Nm}}\cos(\varphi + \Delta\delta) - 1} \right] \qquad (3.14)$$

式中,$|\Delta\dot{U}_{M\varphi\varphi}|$ 为相间故障电压相差幅值;C^+、C^- 均为正负电流分配系数,采用抑制负序电流为控制目标时,$C^- = 0$。

由于全功率电源呈弱馈特性，通常$|Z_s|$很大，此处不再赘述。由式(2.26)、式(2.27)和式(3.14)可知，$\arg(Z_s)$与$\Delta\delta$、P^*、Q^*、k_λ等变量因素相关。变量因素过多，极大增加了理论分析难度，为便于后续分析，特做出以下假设进行具体分析。①正序电压跌落深度：$0.3 \leqslant k_\lambda \leqslant 0.8$；②正序电压跳变角：$-\pi/8 < \Delta\delta < \pi/8$。

图 3.7 为以抑制负序电流为控制目标下 $\arg(Z_s)$ 与 k_λ 和 $\Delta\delta$ 之间关系。由图 3.7 可知，$\arg(Z_s)$ 的取值范围均介于$-110°\sim110°$，对比由图 3.6 所得结论，若$-180° < \arg(Z_s) < 0°$，可能导致故障分量距离保护不能正确动作。

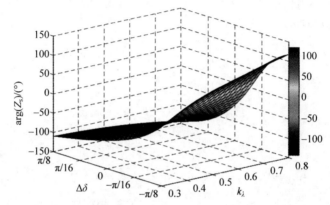

图 3.7 $\arg(Z_s)$ 与 k_λ 和 $\Delta\delta$ 之间关系(见文后彩图)

根据本小节分析，若送出线路故障点 f 处发生区内相间短路故障时，故障分量距离保护的动作性能受有功指令、无功指令、控制目标及故障条件等因素影响，当$-180° < \arg(Z_s) < 0°$时，故障分量距离保护会发生拒动。

2) 接地故障时 Z_s 阻抗特性

通常全功率电源要求输出故障电流三相对称，对应的控制目标 $k_\chi = 0$。本节以区内 A 相接地故障为例对全功率电源侧阻抗特性进行分析，Z_s 幅值和相角可表示为

$$|Z_s| = \frac{|\Delta\dot{U}_{Ma}|}{|\Delta\dot{I}_{Ma}|} = \frac{U^+}{I_{Nm}} \cdot$$

$$\frac{\sqrt{\begin{array}{l}(\cos\delta^+ + k_\rho\cos\delta^- + U^0/U^+\cos\delta_0 - k_\lambda\cos(\delta^+ - \Delta\delta))^2 + \\ (\sin\delta^+ + k_\rho\sin\delta^- + U^0/U^+\sin\delta_0 - k_\lambda\sin(\delta^+ - \Delta\delta))^2\end{array}}}{\sqrt{\begin{array}{l}\left(\dfrac{I_{vm}}{I_{Nm}}\sin(\delta^+ + \varphi) - \sin(\delta^+ - \Delta\delta) + (k_l + 1)\dfrac{I_0}{I_{Nm}}\sin\theta_0\right)^2 + \\ \left(\dfrac{I_{vm}}{I_{Nm}}\cos(\delta^+ + \varphi) - \cos(\delta^+ - \Delta\delta) + (k_l + 1)\dfrac{I_0}{I_{Nm}}\cos\theta_0\right)^2\end{array}}} \quad (3.15)$$

$$\arg(Z_s) = \arctan\left(\frac{U_s\sin(\delta^+ - \Delta\delta) - U^+\sin\delta^+ - U^-\sin\delta^- - U^0\sin\delta_0}{U_s\cos(\delta^+ - \Delta\delta) - U^+\cos\delta^+ - U^-\cos\delta^- - U^0\cos\delta_0}\right)$$

$$- \arctan\left(\frac{\dfrac{I_{vm}}{I_{Nm}}\sin(\delta^+ + \varphi) - \sin(\delta^+ - \Delta\delta) + \dfrac{(k_l+1)I_0}{I_{Nm}}\sin\theta_0}{\dfrac{I_{vm}}{I_{Nm}}\cos(\delta^+ + \varphi) - \cos(\delta^+ - \Delta\delta) + \dfrac{(k_l+1)I_0}{I_{Nm}}\cos\theta_0}\right) \quad (3.16)$$

式中，$|\Delta\dot{U}_{Ma}|$、$\Delta\theta_{ua}$ 为 A 相接地故障时 A 相电压故障分量的幅值和相位。

由于 $\Delta\theta_{ua}$ 并不受全功率电源接入影响，在 $I_{vm}/I_{Nm}\approx 1.1$ 且 $I_0/I_{Nm} > 3$，故障电流中以零序电流为主，因此 $\Delta\theta_{ia}\approx\theta_0$，则 $\arg(Z_s)$ 位于 $0°\sim 180°$ 范围。因此，发生单相金属性接地故障时，故障分量距离保护能够正确动作。

3. 测量阻抗特性分析

前文对全功率电源侧阻抗进行了理论分析，并在测量阻抗等于实际故障阻抗的情况下，分析了全功率电源侧阻抗对故障分量距离保护的影响。本小节将对全功率电源接入对测量阻抗的影响进行分析，进而分析故障分量距离保护受测量阻抗的影响。

当送出线路上发生区内经过渡电阻故障时，光伏电站侧安装保护处的测量阻抗 Z_m 可表示为

$$Z_m = Z_k + \Delta Z = Z_k + \frac{\Delta\dot{I}_M + \Delta\dot{I}_P}{\Delta\dot{I}_M}R_f \quad (3.17)$$

式中，$\Delta\dot{I}_M$、$\Delta\dot{I}_P$ 分别为全功率电源侧保护安装处、系统侧的故障电流故障分量；Z_k、R_f 分别为保护安装处到故障点的阻抗（实际故障阻抗）、过渡电阻；ΔZ 为附加阻抗。

若送出线路发生的故障类型为金属性故障，测量阻抗即为线路中实际故障阻抗。若故障类型为经过渡电阻故障时，测量阻抗中会出现附加阻抗，从而导致测量阻抗不能准确反映实际故障距离。下面分类讨论附加阻抗 ΔZ 的特性。

1) 相间故障时的 ΔZ 特性

本小节以区内 BC 相间短路为例研究附加阻抗 ΔZ 的特性，进而分析全功率电源接入对测量阻抗的影响。若送出线路发生区内 BC 相间短路，则附加阻抗 ΔZ 为

$$\Delta Z = R_f + Z_f = R_f + R_f\frac{|\Delta\dot{I}_{PBC}|}{|\Delta\dot{I}_{MBC}|}\angle(\Delta\theta_{PBC} - \Delta\theta_{MBC}) \quad (3.18)$$

式中，$|\Delta\dot{I}_{PBC}|$ 和 $|\Delta\dot{I}_{MBC}|$ 分别为系统侧、全功率电源侧 BC 两相电流之差故障分量的幅值；$\Delta\theta_{PBC}$ 和 $\Delta\theta_{MBC}$ 分别为系统侧、全功率电源侧 BC 两相电流之差故障分量的相角。

$\Delta\dot{I}_{PBC}$ 由传统电源特性决定，而 $\Delta\dot{I}_{MBC}$ 受全功率电源中控制参数以及故障条

件影响,由前文可得,$\Delta\dot{I}_{\mathrm{MBC}}$ 可表示为

$$|\Delta\dot{I}_{\mathrm{MBC}}|=\sqrt{3}\,I_{\mathrm{Nm}}\cdot$$

$$\sqrt{\left(\frac{I_{\mathrm{vm}}}{I_{\mathrm{Nm}}}\cos(\delta^{+}+\varphi+\theta_{\mathrm{BC}})-\frac{I_{\mathrm{vm}}}{I_{\mathrm{Nm}}}k_{\chi}k_{\rho}\cos(\delta^{-}+\varphi-\theta_{\mathrm{BC}})-\cos(\delta^{+}-\Delta\delta+\theta_{\mathrm{BC}})\right)^{2}+\left(\frac{I_{\mathrm{vm}}}{I_{\mathrm{Nm}}}\sin(\delta^{+}+\varphi+\theta_{\mathrm{BC}})-\frac{I_{\mathrm{vm}}}{I_{\mathrm{Nm}}}k_{\chi}k_{\rho}\sin(\delta^{-}+\varphi-\theta_{\mathrm{BC}})-\sin(\delta^{+}-\Delta\delta+\theta_{\mathrm{BC}})\right)^{2}}$$

$$(3.19)$$

$$\Delta\theta_{\mathrm{MBC}}=$$

$$\arctan\left(\frac{\dfrac{I_{\mathrm{vm}}}{I_{\mathrm{Nm}}}\sin(\delta^{+}+\varphi+\theta_{\mathrm{BC}})-\dfrac{I_{\mathrm{vm}}}{I_{\mathrm{Nm}}}k_{\chi}k_{\rho}\sin(\delta^{-}+\varphi-\theta_{\mathrm{BC}})-\sin(\delta^{+}-\Delta\delta+\theta_{\mathrm{BC}})}{I_{\mathrm{vm}}\cos(\delta^{+}+\varphi+\theta_{\mathrm{BC}})-I_{\mathrm{vm}}k_{\chi}k_{\rho}\cos(\delta^{-}+\varphi-\theta_{\mathrm{BC}})-I_{\mathrm{Nm}}\cos(\delta^{+}-\Delta\delta+\theta_{\mathrm{BC}})}\right)$$

$$(3.20)$$

式中,$\theta_{\mathrm{BC}}=3\pi/2$;$|\Delta\dot{I}_{\mathrm{MBC}}|$ 和 $\Delta\theta_{\mathrm{MBC}}$ 为全功率电源侧 BC 两相电流之差故障分量的幅值和相角,且由于受全功率电源弱馈特性影响,$|\Delta\dot{I}_{\mathrm{PBC}}|/|\Delta\dot{I}_{\mathrm{MBC}}|$ 的值很大。因此,附加阻抗 ΔZ 的特性主要取决于 $\Delta\theta_{\mathrm{MBC}}$。为了更容易对 $\Delta\theta_{\mathrm{MBC}}$ 进行分析,特做出以下假设。①有功参考值:$0.3\mathrm{pu}\leqslant P^{*}\leqslant 0.9\mathrm{pu}$;②无功参考值:$-0.3\mathrm{pu}<Q^{*}<0.3\mathrm{pu}$。

由图 3.8 可知,$\Delta\theta_{\mathrm{MBC}}$ 受全功率电源接入影响,其取值范围介于$-140°\sim20°$,导致附加阻抗 ΔZ 可能表现为容性阻抗或感性阻抗,使得保护测量阻抗不能准确计算实际故障阻抗。相间故障时测量阻抗的阻抗平面图 3.9(a)所示。

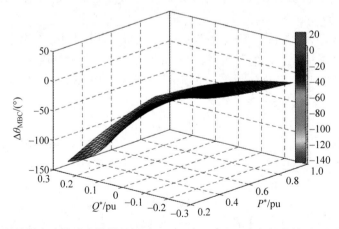

图 3.8　以抑制有功波动为控制目标时 $\Delta\theta_{\mathrm{MBC}}$ 与 P^{*} 和 Q^{*} 之间的关系(见文后彩图)

2) 单相接地故障时的 ΔZ 特性

由于全功率电源呈弱馈特性,正序电流相比零序电流较小,暂可忽略不计,则

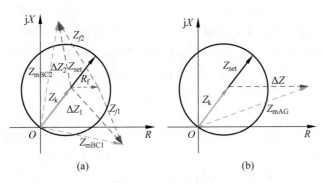

图 3.9 阻抗平面图

（a）相间故障；（b）接地故障

ΔZ 可表示为

$$\Delta Z = R_{\mathrm{f}} \frac{\Delta \dot{I}_{\mathrm{Ma}} + \Delta \dot{I}_{\mathrm{Pa}}}{\Delta \dot{I}_{\mathrm{Ma}}} \approx \frac{3R_{\mathrm{f}}}{1+k_1} \left(\frac{\dot{I}_{\mathrm{M0}} + \dot{I}_{\mathrm{P0}}}{\dot{I}_{\mathrm{M0}}} \right) \tag{3.21}$$

全功率电源侧零序电流与系统侧零序电流相位角相差不大，且全功率电源侧电流相比系统侧电流较小。因此，由式(3.21)可知，附加阻抗 ΔZ 近似为阻性且阻值较大，相当于测量阻抗的实部增大，从而导致测量阻抗不能准确地计算出实际故障阻抗。特给出单相接地故障时测量阻抗的阻抗平面图，如图 3.9(b)所示。

3）测量阻抗对故障分量距离保护动作性能的影响

根据前文讨论，故障电阻和故障电流将导致测量阻抗与故障期间的实际故障阻抗具有显著差异。为了简化分析，本节以区内 BC 相间故障为例，研究测量阻抗对故障分量距离保护动作性能的影响。其中，测量阻抗对故障分量距离保护动作性能的影响如图 3.10 所示。

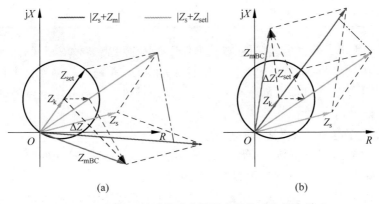

图 3.10 测量阻抗对故障分量距离保护动作性能影响

（a）附加阻抗呈容性；（b）附加阻抗呈感性

如图 3.6 所示,当送出线路 f 处发生区内金属性故障并且 Z_s 的相角在 $0°\sim$ $90°$ 范围内时,故障分量距离保护将可靠地动作。然而,当送出线路 f 处发生区内经故障电阻故障时,由图 3.10 可以看出,附加阻抗 ΔZ 将导致距离元件无法精确计算实际故障阻抗,这将加深全功率电源侧阻抗对故障分量继电保护动作性能的影响,从而导致故障分量距离保护发生拒动或误动。

本节为验证对传统距离保护适应性分析理论的正确性为后续提出新型距离保护方法奠定基础,特在 PSCAD/EMTDC 软件中搭建如图 2.1 的仿真模型,接入系统的全功率电源以光伏电站为例。为了更可靠地分析光伏电站对传统继电保护的影响,本章所述的仿真模型各元件参数均依托实际光伏电站参数设计,能在一定程度上使仿真结果更贴近实际结果,从而具有一定的有效性和真实性。光伏电站中各元件参数如表 3.1 所示。

表 3.1　光伏电站中各元件仿真参数

元　　件	参　　数
光伏电站容量	150MW
主变变比	230kV/37kV
主变容量	200MW
接线方式	YNd11
短路阻抗百分比	16%
送出新路电压等级	220kV
线路总长度	50km
线路正序阻抗	$(5.8+j21.75)\Omega$
线路零序阻抗	$(26.7+j57.65)\Omega$
系统等效正序阻抗	$(0.67+j7.57)\Omega$
系统等效负序阻抗	$(0.96+j12.5)\Omega$

由于电力电子器件的脆弱性,以及为保证并网逆变器高效安全运行,实际光伏电站工程中一般采取抑制负序电流为控制目标的控制策略来对逆变器进行调节控制,因此以下仿真在以抑制负序电流为控制目标对送出线路故障电流的理论分析进行验证分析。

1) 全功率电源侧等效阻抗特性验证

图 3.11 给出了交流输电线路距母线 M 25km 处发生 BC 相间故障时全功率电源侧等效阻抗 Z_s 在不同影响因素下的变化规律。

其中图 3.11(a)为不同过渡电阻时 Z_s 的变化特点。由图 3.11(a)可知,Z_s 的幅值较大且随着过渡电阻增大,Z_s 的幅值也增大;当 $R_f=0$ 时,Z_s 的相角为 $-76°$ 且随着过渡电阻增大,Z_s 的相角由 $-90°\sim0°$ 转化为 $0°\sim90°$。结合图 3.6 所得结论可得,故障分量距离保护可能发生拒动。其中图 3.11(b)为不同无功参考值时

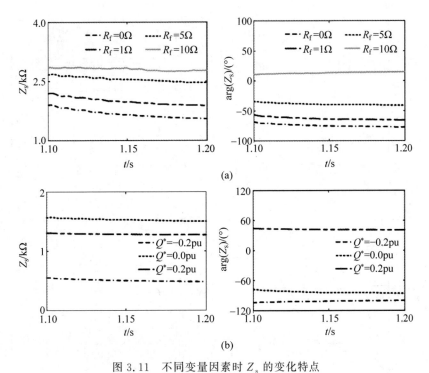

图 3.11　不同变量因素时 Z_s 的变化特点

（a）不同过渡电阻时 Z_s 的变化规律；（b）不同无功参考值时 Z_s 的变化特点

Z_s 的变化特点。同样，由图 3.11(b) 可知，若 Q^* 较小或为负值时，Z_s 的相角为 $-180°\sim0°$，则结合图 3.6 及其结论可知，故障分量距离保护极易发生拒动；若 Q^* 为正值时，Z_s 的相角为 $0°\sim180°$，则故障分量距离保护能正确动作。

2）全功率电源中故障分量距离保护动作特性验证

图 3.12 为发生不同故障时故障分量距离保护的动作性能。其中：图 3.12(a) 表示 BC 相间金属性故障时故障分量距离保护动作性能；图 3.12(b) 表示 A 相金属性接地故障时故障分量距离保护的动作性能；图 3.12(c) 表示经 5Ω 过渡电阻的 BC 相间故障时故障分量距离保护动作性能；图 3.12(d) 表示经 5Ω 过渡电阻的 A 相接地故障时故障分量距离保护的动作性能。

由图 3.12(a)、图 3.12(b) 可以看出，发生 A 相金属性接地故障时，$\arg(Z_s)\in$ $(0°,90°)$，故障分量距离保护能够正确动作；发生 BC 相间故障时，$\arg(Z_s)\in$ $(-180°,-90°)$，此时，$|\Delta\dot{U}_{op}|<|\dot{U}_f^{[0]}|$，故障分量距离保护发生拒动。故障分量距离保护仿真结果与本节理论分析一致。由图 3.12(c)、图 3.12(d) 可以看出，发生经 5Ω 过渡电阻的故障时，由于受过渡电阻所产生的附加阻抗影响及全功率电源侧等效阻抗影响，故障分量距离保护均会发生拒动。

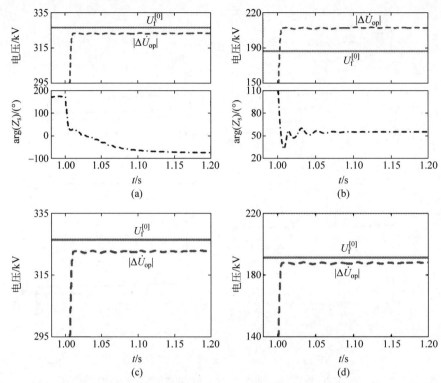

图 3.12　不同故障下故障分量距离保护的动作性能

（a）BC 相间金属性故障；（b）A 相金属性接地故障；

（c）经 5Ω 过渡电阻的 BC 相间故障；（d）经 5Ω 过渡电阻的 A 相接地故障

3.3　基于自适应方向圆特性的新型距离保护方法

3.3.1　基本原理

为了便于后续分析，本节建立了一个改进的 230kV，60Hz 的 IEEE 39 节点的新英格兰系统，如图 3.13 所示。

其中，母线 33 连接一座 150MW 的光伏电站。母线 33-19 间的线路正序阻抗为（0.0617 + j0.325）Ω/km，零序阻抗为（0.227 + j0.78）Ω/km，正序电容为 0.0086μF/km，零序电容为 0.0061μF/km，线路长 200km。主变参数为：额定容量为 200MVA，额定变比为 230kV/37kV，短路阻抗百分比为 16%。其他参数参考文献[86]、文献[87]。

图 3.14 为改进后的带有光伏电站的 IEEE 39 节点的等效模型。图 3.14 中的 $\dot{I}_{PV}$ 和 $\dot{I}_G$ 分别为线路 $l_{33\text{-}19}$ 两侧的电流，$\dot{U}_f$ 和 $\dot{I}_f$ 为故障点电压和故障电流，R_f

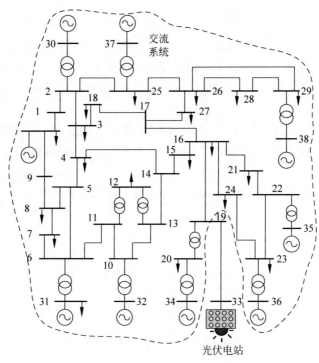

图 3.13　含光伏电站的 IEEE 39 节点的新英格兰系统

为过渡电阻。x 是母线 33 到故障点的距离占线路 $l_{33\text{-}19}$ 总长的百分数，$x>0$ 表示正向故障，$x<0$ 表示反向故障。Z_{L1} 为线路 $l_{33\text{-}19}$ 的正序阻抗。继电器 R_{33} 和 R_{19} 分别为安装在光伏侧和系统侧的阻抗继电器，与继电器 R_{19} 相比，光伏电站对继电器 R_{33} 的影响更大[19]。因此，以继电器 R_{33} 为例，提出了一种解决光伏电站送出线路距离保护动作性能的方案。

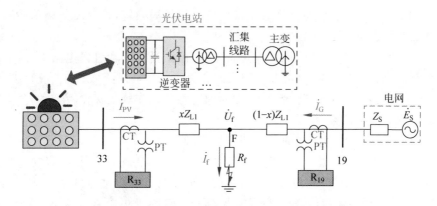

图 3.14　改进的 IEEE 39 节点系统等效模型

当线路 $l_{33\text{-}19}$ 发生故障时，继电器 R_{33} 的测量阻抗为

$$Z_m = \frac{\dot{U}_m}{\dot{I}_m} = xZ_{L1} + \Delta Z = xZ_{L1} + \frac{\dot{I}_f}{\dot{I}_m}R_f \tag{3.22}$$

式中,$\dot{U}_m$ 和 $\dot{I}_m$ 分别为继电器 R_{33} 的测量电压和测量电流;ΔZ 为过渡电阻 R_f 导致的附加阻抗,使得阻抗继电器的测量阻抗 Z_m 与实际线路故障阻抗 xZ_{L1} 之间存在误差。

由于并网逆变器特殊的故障特征,光伏侧的附加阻抗为感性或容性阻抗,可能导致阻抗继电器拒动或误动。本节针对该问题提出了一种自适应方向圆特性的距离保护。

阻抗继电器的跳闸特性可以通过 S_{1A} 和 S_{2A} 这两种幅值比较来表示

$$\begin{cases} S_{1A} = Z_m - \dfrac{1}{2}Z_{set} \\ S_{2A} = \dfrac{1}{2}Z_{set} \end{cases} \tag{3.23}$$

式中,Z_{set} 为整定阻抗,保护区域设定为线路全长的 80%,即 $Z_{set} = 0.8Z_{L1}$。从数学角度分析,区内和区外故障可以通过以下表达式进行区分

$$\begin{cases} |S_{1A}| \leqslant |S_{2A}|, & \text{区内故障} \\ |S_{1A}| > |S_{2A}|, & \text{区外故障} \end{cases} \tag{3.24}$$

当发生金属性故障时,过渡电阻为零,导致测量阻抗 $Z_m = xZ_{L1}$。如果发生区内故障,即 $x < 0.8$,则有 $|S_{1A}|$ 远小于 $|S_{2A}|$;如果发生区外故障,即 $x > 0.8$,则有 $|S_{1A}|$ 远大于 $|S_{2A}|$。因此,过渡电阻为零时,阻抗继电器能正确识别区内故障和区外故障。然而,在大多数情况下,过渡电阻是非零的,因此在测量阻抗 Z_m 和实际线路故障阻抗 xZ_{L1} 之间引入了误差量 ΔZ。如图 3.15(a) 所示,ΔZ 可能导致距离保护欠范围拒动的问题,使得发生内部故障时阻抗继电器失去信赖性;如图 3.15(b) 所示,ΔZ 也可能导致距离保护稳态超越的问题,使得发生外部故障时阻抗继电器失去安全性。

由式(3.22)可知,附加阻抗 ΔZ 受故障电流、测量电流和过渡电阻的影响,与光伏电站的控制策略、过流能力和故障条件有关。测量阻抗随 ΔZ 的变化而变化,然而,无论测量阻抗怎样变化,传统的方向圆特性的动作区是保持不变的,这将导致距离保护误动的风险。

根据上述分析,保持不变的方向圆特性不利于距离保护的正确动作。因此针对过范围和欠范围的问题,提出了一种自适应的方向圆特性距离保护,其工作原理如图 3.15 所示。如图 3.15 所示,自适应的方向圆特性使得动作区域自适应的增大和减小来克服欠范围问题和过范围问题,从而消除过渡电阻带来的不利影响,使得基于自适应方向圆特性的距离保护能够正确动作。

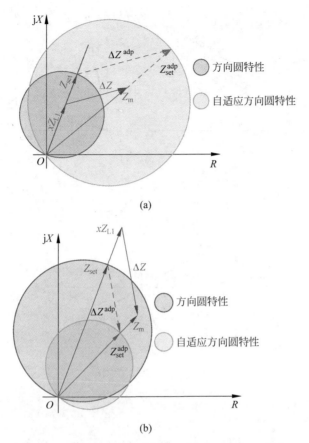

(a)

(b)

图 3.15 自适应方向圆特性的工作原理(见文后彩图)

(a)区内故障;(b)区外故障

3.3.2 自适应整定阻抗的计算

自适应整定阻抗 Z_{set}^{adp} 的计算是确定自适应方向圆特性动作区域的关键。为了正确甄别区内外故障,必须首先计算自适应整定阻抗。

阻抗的几何关系如图 3.16 所示。图 3.16 中,φ_Δ、φ_{zm} 和 φ_{line} 分别为附加阻抗角、测量阻抗角和线路阻抗角。

发生正向故障时,阻抗的几何关系如图 3.16(a)所示。如果附加阻抗 ΔZ 呈感性,则有 $\varphi_\Delta > 0$;如果附加阻抗 ΔZ 呈容性,则有 $\varphi_\Delta < 0$。由图 3.16(a)可以分别得到如下关系

$$\begin{cases} \angle FCO = \varphi_{line} - \varphi_\Delta \\ \angle FDO = \varphi_{zm} - \varphi_\Delta \quad , \quad \varphi_\Delta > 0 \\ \angle DFO = \angle CFO = \varphi_\Delta \end{cases}$$

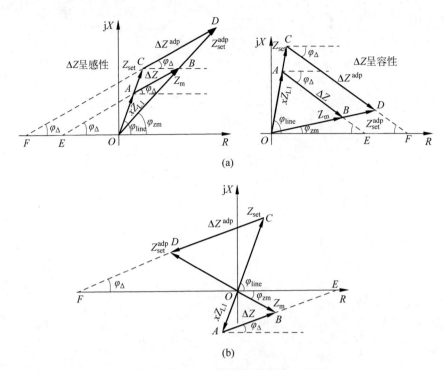

图 3.16 阻抗复平面图

(a) 正向故障；(b) 反向故障

$$
\begin{cases}
\angle FCO = \pi + \varphi_\Delta - \varphi_{\text{line}} \\
\angle FDO = \pi - \varphi_{zm} + \varphi_\Delta , \quad \varphi_\Delta < 0 \\
\angle DFO = \angle CFO = -\varphi_\Delta
\end{cases}
\tag{3.25}
$$

$$
OC = \mid Z_{\text{set}} \mid , \quad OD = \mid Z_{\text{set}}^{\text{adp}} \mid
\tag{3.26}
$$

对 $\triangle COF$ 应用正弦定理，可以建立如下关系

$$
\frac{OF}{\sin \angle FCO} = \frac{OC}{\sin \angle CFO}
\tag{3.27}
$$

根据式(3.25)~式(3.27)，OF 可以表示为

$$
OF = \text{sgn}(\varphi_\Delta) \frac{\sin(\varphi_{\text{line}} - \varphi_\Delta)}{\sin \varphi_\Delta} \mid Z_{\text{set}} \mid
\tag{3.28}
$$

式中，sgn 表示符号函数。

对 $\triangle DFO$ 运用正弦定理，可以建立如下关系

$$
\frac{OF}{\sin \angle FDO} = \frac{OD}{\sin \angle DFO}
\tag{3.29}
$$

根据式(3.25)、式(3.26)和式(3.29)，OD 可以表示为

$$
OD = \mid Z_{\text{set}}^{\text{adp}} \mid = \text{sgn}(\varphi_\Delta) \cdot OF \cdot \frac{\sin \varphi_\Delta}{\sin(\varphi_{zm} - \varphi_\Delta)}
\tag{3.30}
$$

结合式(3.28)与式(3.30),可以得出

$$|Z_{set}^{adp}| = \frac{\sin(\varphi_{line} - \varphi_\Delta)}{\sin(\varphi_{zm} - \varphi_\Delta)} |Z_{set}| \tag{3.31}$$

如图 3.16(a)所示,当发生正向故障时,自适应整定阻抗 Z_{set}^{adp} 和测量阻抗 Z_m 有相同的相角,因此可得

$$Z_{set}^{adp} = \frac{\sin(\varphi_{line} - \varphi_\Delta)}{\sin(\varphi_{zm} - \varphi_\Delta)} |Z_{set}| \angle \varphi_{zm} \tag{3.32}$$

发生反向故障时,阻抗的几何关系如图 3.18(b)所示,此处给出了感性阻抗下的附加阻抗示意图。从图 3.18(b)可以得出相应的关系如下

$$\begin{cases} \angle FCO = \varphi_{line} - \varphi_\Delta, & \angle FDO = \pi + \varphi_{zm} - \varphi_\Delta \\ \angle DFO = \angle CFO = \varphi_\Delta, & OC = |Z_{set}|, OD = |Z_{set}^{adp}| \end{cases} \tag{3.33}$$

对式(3.33)中 $\triangle CFO$ 和 $\triangle DFO$ 分别运用正弦定理, $|Z_{set}^{adp}|$ 可以求得

$$|Z_{set}^{adp}| = \frac{\sin(\varphi_{line} - \varphi_\Delta)}{\sin(\varphi_\Delta - \varphi_{zm})} |Z_{set}| \tag{3.34}$$

如图 3.16(b)所示,发生反向故障时,自适应整定阻抗 Z_{set}^{adp} 和测量阻抗 Z_m 满足如下关系

$$\arg(Z_{set}^{adp}) = \arg(Z_m) + \pi = \varphi_{zm} + \pi \tag{3.35}$$

因此,有

$$Z_{set}^{adp} = \frac{\sin(\varphi_{line} - \varphi_\Delta)}{\sin(\varphi_\Delta - \varphi_{zm})} |Z_{set}| \angle(\varphi_{zm} + \pi) = \frac{\sin(\varphi_{line} - \varphi_\Delta)}{\sin(\varphi_{zm} - \varphi_\Delta)} |Z_{set}| \angle \varphi_{zm}$$
$$\tag{3.36}$$

比较式(3.32)和式(3.36),它们的表达式相同,因此,无论发生正向故障还是发生反向故障,自适应整定阻抗均可以表示为

$$Z_{set}^{adp} = K_a |Z_{set}| \angle \varphi_{zm} \tag{3.37}$$

式中, K_a 为自适应系数,表达式为

$$K_a = \frac{\sin(\varphi_{line} - \varphi_\Delta)}{\sin(\varphi_{zm} - \varphi_\Delta)} \tag{3.38}$$

根据式(3.31)、式(3.34)和式(3.37), K_a 可以用来确定故障方向,正向故障 $K_a > 0$,反向故障 $K_a < 0$ 。

通过上述分析可以得出自适应整定阻抗的计算方法,同时具有自适应整定阻抗的距离保护能够正确识别区内故障和区外故障。根据距离保护的可靠性,可以指定如下的保护判据。

区内故障:故障发生,并且 $|Z_m - Z_{set}^{adp}/2| \leqslant |Z_{set}^{adp}/2|$ 至少持续 6ms;

区外故障:故障发生,并且被识别为区外故障。

在式(3.37)、式(3.38)中, Z_{set} 和 φ_{line} 已知, φ_Δ 可以运用傅里叶变换算法求

得。根据式(3.22),可以表示为

$$\varphi_\Delta = \arg(\dot{I}_f) - \arg(\dot{I}_m) \tag{3.39}$$

测量电流 $\dot{I}_m$ 能够得出,根据傅里叶变换算法可以求出 $\arg(\dot{I}_m)$。然而,故障电流 $\dot{I}_f$ 无法测量,意味着 $\arg(\dot{I}_f)$ 不能直接获取。然而,$\arg(\dot{I}_f)$ 是计算自适应整定阻抗的基础和前提。因此,求解 $\arg(\dot{I}_f)$ 的方法极其重要,具体方法在下面作详细介绍。

3.3.3　故障电流相角的求解方法

1. 单相接地故障

以 A 相接地故障为例,故障电流 $\dot{I}_f$ 可以表示为

$$\dot{I}_f = \dot{I}_{fa} = \dot{I}_{fa1} + \dot{I}_{fa2} + \dot{I}_{fa0} = 3\dot{I}_{fa0} \tag{3.40}$$

$\arg(\dot{I}_f)$ 的求解方法为

$$\arg(\dot{I}_f) = \arg(\dot{I}_{f0}) = \arg\left(\frac{\dot{I}_{PV0}}{C_0}\right) \tag{3.41}$$

式中,C_0 为零序电流分配系数。因为零序电流不受光伏电站影响,C_0 近似为一个实数,即 $\arg(C_0) \approx 0°$。因此,式(3.41)可以化简为

$$\arg(\dot{I}_f) \approx \arg(\dot{I}_{PV0}) \tag{3.42}$$

2. 相间短路故障

以 BC 短路故障为例,故障电流 $\dot{I}_f$ 可以表示为

$$\dot{I}_f = \dot{I}_{fb} - \dot{I}_{fc} = (a^2 - a)(\dot{I}_{fa1} - \dot{I}_{fa2}) \tag{3.43}$$

式中,$a = e^{j2\pi/3}$。

对于 BC 相间短路故障,满足 $\dot{I}_{fa1} = -\dot{I}_{fa2}$ 的关系,因此可得

$$\dot{I}_f = -2(a^2 - a)\dot{I}_{fa2} = j2\sqrt{3}\,\dot{I}_{fa2} \tag{3.44}$$

图 3.14 所示电路的 A 相负序网络如图 3.17 所示。在图 3.17 中,下标"2"表示负序分量。为了保证输出电流平衡,避免电力电子器件过流,在发生不平衡短路故障时,一般要消除光伏并网逆变器的负序电流。这就意味着 I_{PVa2} 近似为零,可以得到以下关系

$$\dot{I}_{fa2} \approx \dot{I}_{Ga2}, \quad \dot{U}_{PVa2} \approx \dot{U}_{fa2} \tag{3.45}$$

因此,有

$$\dot{I}_{fa2} \approx -\frac{\dot{U}_{PVa2}}{(1-x)Z_{L2} + Z_{S2}} \tag{3.46}$$

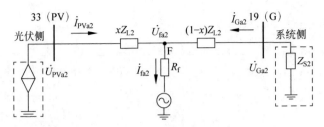

图 3.17　图 3.14 所示电路的 A 相负序网络图

通常情况下,电网和线路的负序阻抗角近似相等,即

$$\arg(Z_{S2}) \approx \arg(Z_{L2}) = \varphi_{\text{line}} \tag{3.47}$$

由式(3.46)、式(3.47)可得

$$\arg(\dot{I}_{fa2}) \approx \arg(\dot{U}_{PVa2}) - \varphi_{\text{line}} - \pi \tag{3.48}$$

根据式(3.44)和式(3.48),$\arg(\dot{I}_f)$ 可表示为

$$\arg(\dot{I}_f) \approx \arg(\dot{U}_{PVa2}) - \varphi_{\text{line}} - \frac{\pi}{2} \tag{3.49}$$

因为母线 33 的电压可以通过测量得到,$\arg(\dot{U}_{PVa2})$ 可以通过离散傅里叶变换算法得到,所以可以求出 $\arg(\dot{I}_f)$。

3. 两相接地故障

以 BC 短路接地故障为例,故障电流 $\dot{I}_f$ 可以表示为

$$\dot{I}_f = \dot{I}_{fb} - \dot{I}_{fc} = -j\sqrt{3}(\dot{I}_{fa1} - \dot{I}_{fa2}) = -j\sqrt{3}\left(\frac{\Delta\dot{I}_{PVa1}}{\dot{C}_1} - \frac{\dot{I}_{PVa2}}{\dot{C}_2}\right) \tag{3.50}$$

对于无光伏电站接入的常规电网,$C_1 = C_2$,式(3.50)有 $\arg(C_1) \approx 0°$,因此可得

$$\arg(\dot{I}_f) \approx \arg(\Delta\dot{I}_{PVa1} - \dot{I}_{PVa2}) - \frac{\pi}{2} \tag{3.51}$$

然而,光伏电站接入后无法满足 $C_1 = C_2$,$\arg(C_1) \approx 0°$。因此,$\arg(\dot{I}_f)$ 不能由式(3.51)得到。为了解决这个问题,本节提出了一种新型测量阻抗的求解方法。

当发生 BC 短路接地故障时,保护安装处的 B、C 相测量电压可以表示为

$$\dot{U}_{PVb} = (\dot{I}_{PVb} + 3K\dot{I}_{PV0}) \cdot xZ_{L1} + \dot{I}_{fb}R_f \tag{3.52}$$

$$\dot{U}_{PVc} = (\dot{I}_{PVc} + 3K\dot{I}_{PV0}) \cdot xZ_{L1} + \dot{I}_{fc}R_f \tag{3.53}$$

将式(3.52)与式(3.53)相加求和,可以得出 BC 短路接地故障下的测量阻抗的新公式[19]

$$Z_{\mathrm{m}} = \frac{\overbrace{\dot{U}_{\mathrm{PVb}} + \dot{U}_{\mathrm{PVc}}}^{\dot{U}_{\mathrm{m}}}}{\underbrace{\dot{I}_{\mathrm{PVb}} + \dot{I}_{\mathrm{PVc}} + 6K_0 \dot{I}_{\mathrm{PV0}}}_{\dot{I}_{\mathrm{m}}}} = x Z_{\mathrm{L1}} + \underbrace{\frac{\overbrace{\dot{I}_{\mathrm{fb}} + \dot{I}_{\mathrm{fc}}}^{\dot{I}_{\mathrm{f}}}}{\underbrace{\dot{I}_{\mathrm{PVb}} + \dot{I}_{\mathrm{PVc}} + 6K_0 \dot{I}_{\mathrm{PV0}}}_{\dot{I}_{\mathrm{m}}}} R_{\mathrm{f}}}_{\Delta Z} \tag{3.54}$$

式中，K_0 为零序补偿系数，$K_0 = (Z_{\mathrm{L0}} - Z_{\mathrm{L1}})/(3Z_{\mathrm{L1}})$。因此有

$$\arg(\dot{I}_{\mathrm{f}}) = \arg(\dot{I}_{\mathrm{fb}} + \dot{I}_{\mathrm{fc}}) = \arg\left(\frac{\dot{I}_{\mathrm{PV0}}}{C_0}\right) \approx \arg(\dot{I}_{\mathrm{PV0}}) \tag{3.55}$$

3.4　性能评估

在 PSCAD/EMTDC 平台上搭建改进的 IEEE 39 节点的新英格兰系统。设定不同的故障条件，进行了一系列的仿真，进一步验证自适应方向圆特性距离保护的性能。

3.4.1　不同故障位置

为了验证所提出的保护方案在不同故障位置（包括正向故障和反向故障）的动作性能，如图 3.18 所示，在光伏电站与母线 33 之间连接了一条 50km 长的线路 $l_{0\text{-}33}$，线路 $l_{0\text{-}33}$ 与线路 $l_{33\text{-}19}$ 的线路参数相同。设置的 5 处故障位置如图 3.18 所示，故障位置分别为 $\mathrm{K}_1 \sim \mathrm{K}_5$，该故障位置是以母线 33 为参考点，分别设置在线路的 -20%、30%、70%、90% 和 97% 处。其中，故障点 K_2 和 K_3 位于继电器 R_{33} 的保护区内；故障点 K_1、K_4 和 K_5 位于继电器 R_{33} 的保护区外。

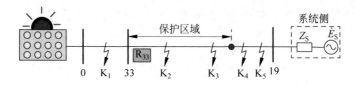

图 3.18　不同故障位置示意图

实际工程中普遍采用方向圆特性或准四边形特性，如式（3.22）所示，保护安装处的测量阻抗 Z_{m} 为测量电压 $\dot{U}_{\mathrm{m}}$ 与测量电流 $\dot{I}_{\mathrm{m}}$ 之比。发生故障时，如果测量阻抗 Z_{m} 位于方向圆特性或者准四边形特性的动作区域内，则该故障为区内故障，否则为区外故障。上述为实际工程应用中的工作原理。通过设置不同位置的故障，比较工程应用方案与所提出的方案之间的动作性能。

光伏并网逆变器采用中国的并网导则[88]，假定分别在 $\mathrm{K}_1 \sim \mathrm{K}_5$ 处发生 A 相接地故障，不同位置（$\mathrm{K}_1 \sim \mathrm{K}_5$）下的仿真结果如图 3.19 所示。图 3.19（a）中，稳态时测量阻抗 Z_{m} 位于保护区域之外，因此，方向圆特性、准四边形特性及自适应方向

圆特性的距离保护将 K_1 处的故障识别为区外故障。图 3.19(b)中，稳态时测量阻抗 Z_m 位于准四边形特性和自适应方向圆特性的保护区域内，而位于方向圆特性的保护区域外。因此，方向圆特性的距离保护将 K_2 处的故障识别为区外故障，准四边形特性和自适应方向圆特性的距离保护将其识别为区内故障。图 3.19(c)~图 3.19(e)的分析过程不再赘述，不同故障位置下的故障识别结果汇总如表 3.2 所示。

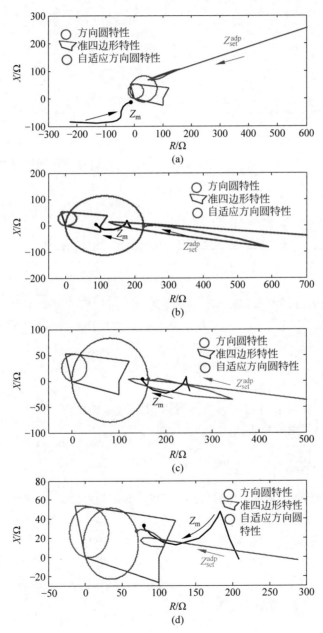

图 3.19　不同位置下的仿真结果(见文后彩图)

(a) K_1；(b) K_2；(c) K_3；(d) K_4；(e) K_5

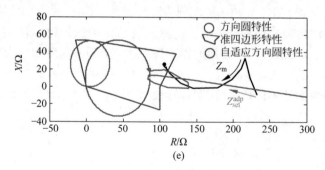

图 3.19　(续)(见文后彩图)

表 3.2　不同位置下的故障识别结果

故障位置	故障阻抗/Ω	方向圆特性		准四边形特性		自适应方向圆特性	
K_1	10	E	$\checkmark$	E	$\checkmark$	E	$\checkmark$
K_2	50	E	$\times$	I	$\checkmark$	I	$\checkmark$
K_3	50	E	$\times$	E	$\times$	I	$\checkmark$
K_4	10	E	$\checkmark$	I	$\times$	I	$\checkmark$
K_5	10	E	$\checkmark$	I	$\times$	E	$\checkmark$

注:I和E分别表示故障被识别为区内故障和区外故障。"$\checkmark$"和"$\times$"分别表示故障识别结果正确、错误。

由表 3.2 的结果可知,基于方向圆特性和准四边形特性的距离保护可能误判故障位置,导致距离保护误动或拒动。而自适应方向圆特性的距离保护,无论故障位置如何,均可以正确识别区内、区外故障。

故障位置 $K_1 \sim K_5$ 处的自适应系数 K_a 分别为 -1.78、4.26、3.07、1.41 和 1.65,K_1 是负数,即判定为反向故障,$K_2 \sim K_5$ 是正数,即判定为正向故障,与理论结果一致。由此可见,自适应方向圆特性的距离保护能够正确识别区内、区外故障,同时也可以识别故障方向。

3.4.2　不同过渡电阻

由于大多数故障都存在过渡电阻,因此过渡电阻的良好鲁棒性对于距离保护是非常重要的。表 3.3 为本章提出的保护方案在 1Ω、5Ω、25Ω、50Ω 和 100Ω 不同故障程度下发生 A 相接地故障的仿真结果。其中,故障位置设置在 K_3 和 K_4 处。从表 3.3 可以看出,尽管过渡电阻在较大范围内变化,发生在 K_3 处的故障总能被正确识别为区内故障,发生在 K_4 处的故障总能被识别为区外故障,表明了所提保护方案对过渡电阻具有很好的鲁棒性。

表 3.3 不同过渡电阻下的仿真结果

过渡电阻/Ω	故障位置	Z_m/Ω	Z_{set}^{adp}/Ω	结果
1	K_3	$12.80+j44.20$	$14.60+j50.10$	I
	K_4	$19.20+j55.50$	$16.80+j48.60$	E
5	K_3	$28.80+j38.20$	$32.50+j43.10$	I
	K_4	$48.10+j42.90$	$41.80+j37.30$	E
25	K_3	$91.50+j17.80$	$101.00+j19.60$	I
	K_4	$146.30+j9.50$	$124.50+j8.10$	E
50	K_3	$148.20+j4.70$	$160.90+j5.10$	I
	K_4	$219.20-j6.20$	$183.80-j5.20$	E
100	K_3	$221.60-j9.50$	$235.20-j10.10$	I
	K_4	$291.60-j23.80$	$240.70-j19.60$	E

图 3.20 显示了表 3.3 中所选样本的仿真波形,故障发生在 2s 处。图 3.20(a) 中,发生故障的 13ms 后 $\left|Z_m-\frac{1}{2}Z_{set}^{adp}\right|$ 小于 $\left|\frac{1}{2}Z_{set}^{adp}\right|$,根据保护判据,在 K_3 处发生 25Ω 的故障时,20ms 内可以被识别为区内故障;图 3.20(b) 中,发生故障的 12ms 后 $\left|Z_m-\frac{1}{2}Z_{set}^{adp}\right|$ 小于 $\left|\frac{1}{2}Z_{set}^{adp}\right|$,根据保护判据,在 K_3 处发生 50Ω 的故障时,20ms 内可以被识别为区内故障。

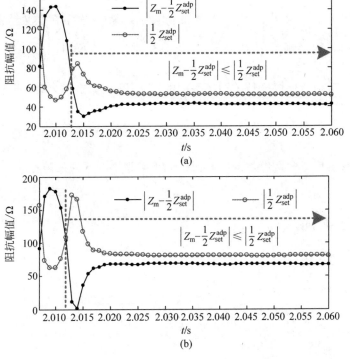

图 3.20 表 3.3 所选样本的仿真波形

(a) 过渡电阻为 25Ω；(b) 过渡电阻为 50Ω

3.4.3 不同非对称故障类型及不同并网导则

表 3.4 给出了不同非对称故障类型及不同并网导则下稳态时的测量阻抗和自适应整定阻抗的仿真结果。本节采用了中国并网导则、德国并网导则以及北美并网导则[88-90]。从表 3.4 可以看出,无论发生何种类型的非对称故障和采用何种并网导则,所提出的保护方案均能将 K_2 和 K_5 处的故障准确地识别为区内故障和区外故障。该结果表明了所提距离保护方案对不同的并网导则和不同的非对称故障类型均有较好的适应性。

表 3.4　不同非对称故障类型及不同并网导则下稳态时的测量阻抗和
自适应整定阻抗的仿真结果

故障类型	故障位置	中国并网导则			德国并网导则			北美并网导则		
		Z_m/Ω	Z_{set}^{adp}/Ω	结果	Z_m/Ω	Z_{set}^{adp}/Ω	结果	Z_m/Ω	Z_{set}^{adp}/Ω	结果
AG	K_2	10+j18	27+j47	I	10+j18	26+j49	I	10+j18	27+j47	I
	K_5	45+j48	36+j38	E	44+j50	35+j41	E	44+j49	36+j40	E
BC	K_2	8+j0.90	21+j2.30	I	14+j2.10	36+j5.60	I	4.20+j1.00	11+j2.70	I
	K_5	34−j14	27−j11	E	53−j6.30	43−j5.00	E	23−j16	17−j12	E
BCG	K_2	7.00+j19	19+j51	I	6.90+20	18+j52	I	7.20+j19	19+j51	I
	K_5	31+j60	25+j49	E	30+j62	24+j50	E	32+j59	26+j48	E

图 3.21 显示了表 3.4 中所选样本的仿真波形,故障发生在 2s 处。图 3.21(a)中,设置德国并网导则的前提下在 K_5 处发生 BC 短路故障,$\left| Z_m - \dfrac{1}{2} Z_{set}^{adp} \right|$ 大于 $\left| \dfrac{1}{2} Z_{set}^{adp} \right|$,自适应方向圆特性的距离保护能正确识别为区外故障;图 3.21(b)中,设置北美并网导则的前提下在 K_2 处发生 BC 短路接地故障,$\left| Z_m - \dfrac{1}{2} Z_{set}^{adp} \right|$ 小于 $\left| \dfrac{1}{2} Z_{set}^{adp} \right|$,自适应方向圆特性的距离保护能正确识别为区内故障。

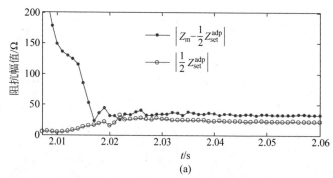

(a)

图 3.21　表 3.4 所选样本的仿真波形
(a) 德国并网导则下 K_5 处发生 BC 短路故障;(b) 北美并网导则下 K_2 处发生 BC 短路接地故障

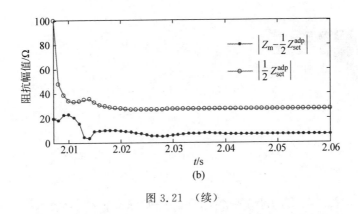

图 3.21 （续）

3.5 本章小结

相比同步电源,全功率电源接入对进一步增大过渡电阻对全功率电源侧距离保护有负面影响,会增大其拒动风险;但会减弱过渡电阻对电网侧距离保护的负面影响,减小其拒动风险。相比接地故障,非接地故障下全功率电源接入对距离保护动作性能的影响更显著。

为了解决距离保护存在的问题,在充分考虑全功率电源故障特征的前提下,本章提出了自适应方向圆阻抗特性的距离保护方案用以保护全功率电源的送出线路;推导了自适应整定阻抗的统一表达式并提出了故障电流相角的求解方法,通过自适应调整方向圆特性的动作区域,避免距离保护的误动或拒动;搭建了含光伏电站的 IEEE 39 节点仿真模型,设置了不同的故障条件和不同的控制策略,通过仿真验证了自适应距离保护的优越性,该方案可以准确地识别光伏电站送出线路的区内、区外故障和故障方向,具有较好的抗过渡电阻的能力,对不同的并网导则均有较好的适应性。

第4章

选相元件适应性分析及解决方案

4.1 引言

选相元件是距离保护和自动重合闸故障相和故障类型识别的核心元件,其正确选相是距离保护和自动重合闸能正确动作的基础和前提。选相元件包括基于故障电流幅值的相电流差突变量选相元件和基于故障电流相位关系的序分量选相元件。相电流差突变量选相元件通过比较两相之间相电流差突变量的幅值关系来确定故障相,在弱电网或经高过渡电阻发生故障的情况下其动作性能较差。而基于故障电流相位的序分量选相元件不受负荷电流和过渡电阻的影响,可靠性高,灵敏性好[91-94]。本章详细分析了全功率电源接入对传统选相元件的影响机理,对新型电力系统中选相元件的研究具有参考价值。

全功率电源接入改变了交流侧线路的故障电流特征,导致全功率电源侧的传统选相元件存在适应性问题。针对上述问题,本章提出了一种新型全功率电源控制策略,通过重构并网变流器的序阻抗角来模拟同步发电机的部分故障特征,从而辅助序分量选相元件正确判断故障类别,最后通过仿真验证了本章所提序阻抗角重构方法的有效性。

4.2　选相元件适应性分析

4.2.1　相电流差突变量选相元件适应性分析

相电流差突变量选相元件是微机保护中常用的选相元件,其中相电流差突变量的定义为[95]

$$\begin{cases} \Delta \dot{I}_{ab} = \Delta \dot{I}_a - \Delta \dot{I}_b = (\dot{I}_a - \dot{I}_a^{[0]}) - (\dot{I}_b - \dot{I}_b^{[0]}) \\ \Delta \dot{I}_{bc} = \Delta \dot{I}_b - \Delta \dot{I}_c = (\dot{I}_b - \dot{I}_b^{[0]}) - (\dot{I}_c - \dot{I}_c^{[0]}) \\ \Delta \dot{I}_{ca} = \Delta \dot{I}_c - \Delta \dot{I}_a = (\dot{I}_c - \dot{I}_c^{[0]}) - (\dot{I}_a - \dot{I}_a^{[0]}) \end{cases} \quad (4.1)$$

式中,$\dot{I}_a$、$\dot{I}_b$、$\dot{I}_c$ 为故障后电流;$\dot{I}_a^{[0]}$、$\dot{I}_b^{[0]}$、$\dot{I}_c^{[0]}$ 为故障前电流。

相电流差突变量选相元件的选相流程如图 4.1 所示,对应公式如式(4.2)、式(4.3)所示。

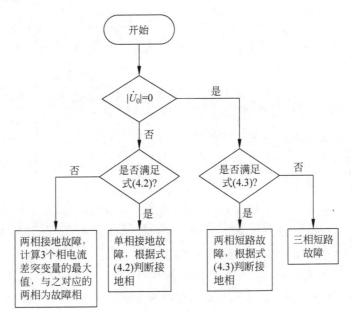

图 4.1　相电流差突变量选相元件选相流程图

$$\begin{cases} (m \mid \Delta \dot{I}_{bc} \mid \leqslant \mid \Delta \dot{I}_{ab} \mid) \& (m \mid \Delta \dot{I}_{bc} \mid \leqslant \mid \Delta \dot{I}_{ca} \mid), & \text{A 相接地} \\ (m \mid \Delta \dot{I}_{ca} \mid \leqslant \mid \Delta \dot{I}_{ab} \mid) \& (m \mid \Delta \dot{I}_{ca} \mid \leqslant \mid \Delta \dot{I}_{bc} \mid), & \text{B 相接地} \\ (m \mid \Delta \dot{I}_{ab} \mid \leqslant \mid \Delta \dot{I}_{bc} \mid) \& (m \mid \Delta \dot{I}_{ab} \mid \leqslant \mid \Delta \dot{I}_{ca} \mid), & \text{C 相接地} \end{cases} \quad (4.2)$$

$$\begin{cases} (m\mid\Delta\dot{I}_{\text{c}}\mid\leqslant\mid\Delta\dot{I}_{\text{a}}\mid)\&(m\mid\Delta\dot{I}_{\text{c}}\mid\leqslant\mid\Delta\dot{I}_{\text{b}}\mid),\quad\text{AB 相短路} \\ (m\mid\Delta\dot{I}_{\text{a}}\mid\leqslant\mid\Delta\dot{I}_{\text{b}}\mid)\&(m\mid\Delta\dot{I}_{\text{a}}\mid\leqslant\mid\Delta\dot{I}_{\text{c}}\mid),\quad\text{BC 相短路} \\ (m\mid\Delta\dot{I}_{\text{b}}\mid\leqslant\mid\Delta\dot{I}_{\text{a}}\mid)\&(m\mid\Delta\dot{I}_{\text{b}}\mid\leqslant\mid\Delta\dot{I}_{\text{c}}\mid),\quad\text{CA 相短路} \end{cases} \tag{4.3}$$

式中，m 一般取 4～8。

本章以 A 相接地故障为例，分析全功率电源接入对相电流突变量选相元件的影响。假设故障前三相电流相量表达式为

$$\begin{cases} \dot{I}_{\text{Ma}}^{[0]}=I_{\text{Nm}}\angle(\delta^{+}+\theta_{\text{a}}-\Delta\delta) \\ \dot{I}_{\text{Mb}}^{[0]}=I_{\text{Nm}}\angle(\delta^{+}+\theta_{\text{b}}-\Delta\delta) \\ \dot{I}_{\text{Mc}}^{[0]}=I_{\text{Nm}}\angle(\delta^{+}+\theta_{\text{c}}-\Delta\delta) \end{cases} \tag{4.4}$$

式中，I_{Nm} 为正常运行时的额定电流幅值。

根据式（2.26）、式（2.27）和式（4.4）可得

$$\mid\Delta\dot{I}_{\text{M}\varphi\varphi}\mid=\sqrt{3}\,I_{\text{Nm}}\cdot$$

$$\sqrt{\begin{aligned}&\left(\frac{I_{\text{vm}}}{I_{\text{Nm}}}\cos(\delta^{+}+\varphi+\theta_{\varphi\varphi})-\cos(\delta^{+}-\Delta\delta+\theta_{\varphi\varphi})-\frac{I_{\text{vm}}k_{\chi}k_{\rho}}{I_{\text{Nm}}}\cos(\delta^{-}+\varphi-\theta_{\varphi\varphi})\right)^{2}\\&+\left(\frac{I_{\text{vm}}}{I_{\text{Nm}}}\sin(\delta^{+}+\varphi+\theta_{\varphi\varphi})-\sin(\delta^{+}-\Delta\delta+\theta_{\varphi\varphi})-\frac{I_{\text{vm}}k_{\chi}k_{\rho}}{I_{\text{Nm}}}\sin(\delta^{-}+\varphi-\theta_{\varphi\varphi})\right)^{2}\end{aligned}}$$

$$\tag{4.5}$$

式中，$\varphi\varphi=\text{ab、bc、ca}$；$\theta_{\text{ab}}=\pi/6$、$\theta_{\text{bc}}=3\pi/2$、$\theta_{\text{ca}}=5\pi/6$。

根据式（2.27）和式（4.5），$\mid\Delta\dot{I}_{\text{M}\varphi\varphi}\mid$ 与 P^{*}、Q^{*}、$\Delta\delta$、k_{χ}、U^{+}、k_{ρ} 等变量相关，极大地增加了理论分析的难度。为了便于后续分析，本章作出以下 3 点合理假设：①接地电阻较小，近似金属接地；②正序、负序、零序的阻抗角近似相等；③正序、负序的阻抗近似相等，零序阻抗大小不大于正序阻抗的 2 倍。根据以上假设可得如下关系：$2/3\leqslant U^{+}(\text{pu})\leqslant3/4$；$1/3<k_{\rho}\leqslant1/2$。

图 4.2 给出了 U^{+}、k_{ρ} 和控制目标变化时相电流差突变量幅值比。其中，$P^{*}=0.7\text{pu}$，$Q^{*}=0.4\text{pu}$。采用抑制负序电流为控制目标（控制目标 3），无论正序电压幅值 U^{+} 和电压不平衡度 k_{ρ} 如何变化，3 个相电流差突变量幅值始终相等，即 $\mid\Delta\dot{I}_{\text{Mab}}\mid=\mid\Delta\dot{I}_{\text{Mbc}}\mid=\mid\Delta\dot{I}_{\text{Mca}}\mid$。采用另外两个控制目标时，相电流差突变量幅值比随着正序电压幅值 U^{+} 和电压不平衡度 k_{ρ} 的变化而变化。由图 4.2 可知，两个相电流差突变量幅值比 $\dfrac{\mid\Delta\dot{I}_{\text{Mab}}\mid}{\mid\Delta\dot{I}_{\text{Mbc}}\mid}$ 和 $\dfrac{\mid\Delta\dot{I}_{\text{Mca}}\mid}{\mid\Delta\dot{I}_{\text{Mbc}}\mid}$ 最大值均小于 2，显然不满足式（4.2）中判定 A 相接地故障的条件，导致相电流差突变量选相元件不能正确选相。

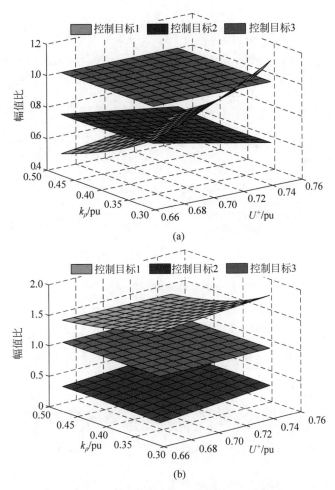

图 4.2 相电流差突变量幅值比（见文后彩图）

（a）AB 相电流差突变量幅值与 BC 相电流差突变量幅值之比；

（b）CA 相电流差突变量幅值与 BC 相电流差突变量幅值之比

4.2.2 序故障分量选相元件适应性分析

序故障分量选相元件是利用安装保护处故障电流中的正序、负序、零序分量之间的相位和幅值关系实现选相的，具体的选相流程如图 4.3 和图 4.4 所示。

根据图 4.3[95]，结合式（2.26）、式（2.27）可得

$$\alpha = \arg\left(\frac{\dot{I}_{Ma0}}{\dot{I}_{Ma2}}\right) = \varphi_0 - \delta^- - \varphi - (k_\chi + 1)\frac{\pi}{2} \qquad (4.6)$$

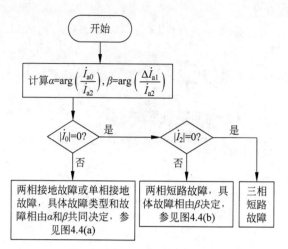

图 4.3　电流序故障分量选相元件选相流程图

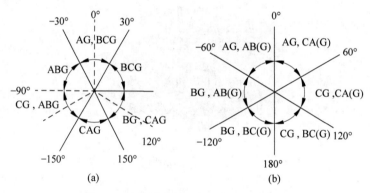

图 4.4　序故障分量选相元件的故障分区

(a) 根据 α 进行分区；(b) 根据 β 进行分区

$$\beta = \arg\left(\frac{\Delta \dot{I}_{\mathrm{Ma1}}}{\dot{I}_{\mathrm{Ma2}}}\right) = \arctan\left[\frac{\dfrac{I_{\mathrm{vm}}}{I_{\mathrm{Nm}}}\sin(\delta^{+}+\varphi) - \dfrac{I_{\mathrm{vm}}}{I_{\mathrm{Nm}}}\sin(\delta^{+}-\Delta\delta)}{\dfrac{I_{\mathrm{vm}}}{I_{\mathrm{Nm}}}\cos(\delta^{+}+\varphi) - \dfrac{I_{\mathrm{vm}}}{I_{\mathrm{Nm}}}\cos(\delta^{+}-\Delta\delta)}\right] -$$

$$\delta^{-} - \varphi - (k_{\chi} + 1)\frac{\pi}{2} \tag{4.7}$$

　　以 A 相接地故障为例分析序故障分量选相元件的适应性。根据图 4.3 和图 4.4，α 和 β 要同时满足 $\alpha \in (-30°,30°)$ 和 $\beta \in (-60°,0°)$ 两个条件方能判定为 A 相接地故障。

　　若采用抑制负序电流(控制目标 3)时，此时全功率电源只输出正序电流，M 侧不含有负序电流或者负序电流含量极少，因此 α 随机性较大，可能落到任何一个故障区间,从而导致序故障分量选相元件不能正确动作。

本节以抑制无功波动为控制目标为例进行介绍,此时全功率电源将输出正序、负序电流。正常运行时,与 $\Delta\delta$、P^*、Q^*、U^+ 等变量因素相关。由于变量因素过多,极大地增加了理论分析难度,但对于系统发生故障时,变量因素均为固定值。为便于后续分析,特作出以下假设进行具体分析:$2/3 \leqslant U^+ (\text{pu}) \leqslant 3/4$;$1/3 < k_\rho \leqslant 1/2$。

图 4.5 所示为 A 相接地故障下正序电压幅值和电压不平衡度变化时对应的 α 和 β。由图 4.5 可知,随着正序电压幅值和电压不平衡度的变化,α 的取值范围介于 $64° \sim 74°$,而 β 的取值范围介于 $-172° \sim -167°$,两者都不符合图 4.4 中所述判定 A 相接地的依据,从而导致序故障分量选相元件不能正确动作。

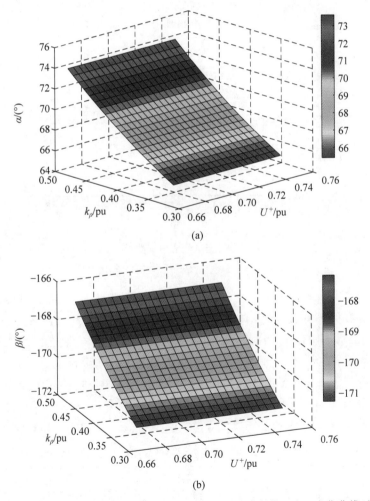

(a)

(b)

图 4.5 A 相接地故障正序电压幅值和电压不平衡度变化时对应的 α 和 β 变化曲线(见文后彩图)

(a) α 的变化曲线;(b) β 的变化曲线

为验证本章对传统选相元件适应性分析理论正确性,特在 PSCAD/EMTDC 平台中搭建与 3.2 节相同的仿真模型。

图 4.6 给出了发生 C 相接地故障时两侧相电流差突变量幅值仿真波形,从图 4.6(a)可以看出,由于该光伏电站采用抑制负序电流为控制目标,故障电流中仅含有正序电流和零序电流,所以 $|\Delta \dot{i}_{ab}|$、$|\Delta \dot{i}_{bc}|$、$|\Delta \dot{i}_{ca}|$ 基本相等,与前文理论分析一致,并不符合 C 相接地故障选相依据,进而导致相电流差突变量选相元件选相失败。由图 4.6(b)可得,系统侧满足选相依据,能够正确选相。

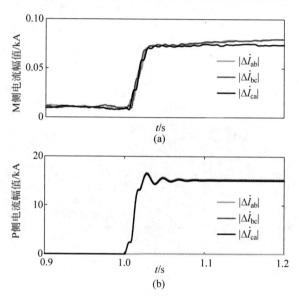

图 4.6　相电流差突变量幅值仿真波形(见文后彩图)

(a) M 侧;(b) P 侧

由于光伏电站通常采用消除负序电流的控制策略,从而导致送出线路上故障电流中不含有负序电流,相角具有随机误差且不稳定。因此,若系统中无负序电流,则 α、β 也就不具有任何意义,从而导致 M 侧的序故障分量选相元件不满足前文图 4.3 和图 4.4 所述选相判据,序故障分量选相元件失败。

表 4.1 给出了交流输电线路中点发生各种类型故障下传统相电流差突变量选相元件、电流序分量选相元件选相结果。由表 4.1 可以看出,对于本章所述两种传统选相元件而言,M 侧的选相元件均会选相失败,而 P 侧不受影响,均能正确选相。

表 4.1　交流输电线路中点发生各种类型故障下选相元件的选相结果

故障类型	相电流差突变量选相元件		序故障分量选相元件	
	M 侧	P 侧	M 侧	P 侧
AG	BCG	AG	×	AG
BG	CAG	BG	CAG	BG

续表

故障类型	相电流差突变量选相元件		序故障分量选相元件	
	M 侧	P 侧	M 侧	P 侧
CG	ABG	CG	ABG	CG
AB	ABC	AB	×	AB
BC	ABC	BC	ABC	BC
CA	ABC	CA	×	CA
ABG	CAG	ABG	×	ABG
BCG	ABG	BCG	×	BCG
CAG	BCG	CAG	ABG	CAG
ABC	ABC	ABC	ABC	ABC

注：×表示无法准确识别故障相。

4.3 增强序分量选相元件适应性的序阻抗角重构方案

4.3.1 序阻抗角重构实现方法

由上文分析得知,全功率电源接入电网后由于其正负序阻抗差异性较大的故障特征可能会引起选相元件误选相。针对这一问题,本节通过阻抗重构技术改变全功率电源的故障序阻抗特性,从而达到序分量选相元件正确动作的目的。

阻抗为电压与电流之比,电压主要与系统状态和故障条件相关,相比电流来说,可控性更差,因此可以通过改变注入的电流来重构阻抗。故障期间全功率电源电压的故障序分量矢量表达式为

$$\begin{cases} \Delta \boldsymbol{u}_{\alpha\beta1} = \Delta u_{\alpha1} + \mathrm{j}\Delta u_{\beta1} = U_1 \mathrm{e}^{\mathrm{j}(\omega t+\varphi_1)} \\ \boldsymbol{u}_{\alpha\beta2} = u_{\alpha2} + \mathrm{j}u_{\beta2} = U_2 \mathrm{e}^{-\mathrm{j}(\omega t+\varphi_2)} \end{cases} \tag{4.8}$$

其中

$$\begin{cases} U_1 = \sqrt{\Delta u_{\alpha1}^2 + \Delta u_{\beta1}^2} \\ U_2 = \sqrt{u_{\alpha2}^2 + u_{\beta2}^2} \end{cases} \tag{4.9}$$

为了辅助选相元件正确动作,故障期间全功率电源需要向电网注入特定的正序、负序电流。假设注入的序故障分量电流幅值为额定的电流的 λ 倍,正序故障分量电流超前电压的角度为 δ_1,负序电流超前电压的角度为 δ_2。则正序、负序故障分量电流参考值设定为

$$\begin{cases} \Delta \boldsymbol{i}_{\alpha\beta1}^* = \Delta i_{\alpha1}^* + \mathrm{j}\Delta i_{\beta1}^* = \lambda I_\mathrm{N} \mathrm{e}^{\mathrm{j}(\omega t+\varphi_1+\delta_1+\pi)} \\ \boldsymbol{i}_{\alpha\beta2}^* = i_{\alpha2}^* + \mathrm{j}i_{\beta2}^* = \lambda I_\mathrm{N} \mathrm{e}^{-\mathrm{j}(\omega t+\varphi_2+\delta_2+\pi)} \end{cases} \tag{4.10}$$

根据前文分析得知,为了不影响电力电子器件的安全运行,变流器输出的电流

通常不超过额定电流的 1.2 倍,因此可将 λ 设定为一个较小的值,如 0.1。由式(4.10)可知,故障期间全功率电源注入的正序电流为故障前电流与故障分量电流的叠加,即

$$\boldsymbol{i}_{\alpha\beta1}^{*} = \boldsymbol{i}_{\alpha\beta1}^{[0]} + \Delta\boldsymbol{i}_{\alpha\beta1}^{*} = \boldsymbol{i}_{\alpha1}^{[0]} + \Delta\boldsymbol{i}_{\alpha1}^{*} + j(\boldsymbol{i}_{\beta1}^{[0]} + \Delta\boldsymbol{i}_{\beta1}^{*}) \tag{4.11}$$

为了得到正、反转同步旋转 dq 坐标系下电流的正序、负序分量,将 $\boldsymbol{i}_{\alpha\beta1}^{*}$ 和 $\boldsymbol{i}_{\alpha\beta2}^{*}$ 分别乘 $\mathrm{e}^{-j\omega t}$ 和 $\mathrm{e}^{j\omega t}$,因此,故障期间 $\boldsymbol{i}_{dq1}^{*}$ 和 $\boldsymbol{i}_{dq2}^{*}$ 可以表示为

$$\begin{cases} \boldsymbol{i}_{dq1}^{*} = i_{d1}^{[0]} + \lambda I_{\mathrm{N}}\cos(\varphi_1 + \delta_1 + \pi) + j[i_{q1}^{0} + \lambda I_{\mathrm{N}}\sin(\varphi_1 + \delta_1 + \pi)] \\ \boldsymbol{i}_{dq2}^{*} = \lambda I_{\mathrm{N}}\cos(\varphi_2 + \delta_2 + \pi) - j(\lambda I_{\mathrm{N}}\sin(\varphi_2 + \delta_2 + \pi)) \end{cases} \tag{4.12}$$

式中,$i_{d1}^{[0]}$、$i_{q1}^{[0]}$ 为故障前正序电流分量;φ_1、φ_2 为正序、负序电压分量的初相角,在同步旋转坐标系中可以表示为电压 dq 轴分量的比值,即

$$\varphi_1 = \arctan\left(\frac{\Delta u_{q1}}{\Delta u_{d1}}\right), \quad \varphi_2 = \arctan\left(\frac{u_{q2}}{u_{d2}}\right) \tag{4.13}$$

全功率电源的等效故障阻抗为故障电压和电流分量的比值,若实际电流可以精准跟踪上参考电流,则 δ_1、δ_2 为阻抗重构后的相角,将其代入式(4.12)即可计算出全功率电源注入正序、负序分量电流的相位。当系统检测到故障后按照式(4.12)设置变流器参考电流,通过逆变器的控制环节实现序阻抗角的重构,其控制流程如图 4.7 所示。

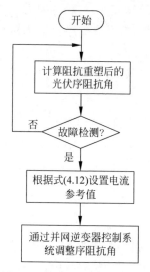

图 4.7　序阻抗角重构流程图

4.3.2　阻抗角求解

在电路的序故障网络分析中,同步发电机等效为一个恒定的阻抗,这种特性使得故障电流不受故障类型和过渡电阻的影响。而全功率电源的拓扑结构和控制方

法与同步发电机不同,其故障特征发生了实质性的改变。

图4.8为全功率电源并网模型,当线路上发生不对称故障时,其对应的故障序分量网络如图4.9所示。图4.9中,$j=1,2$,分别表示正序和负序分量;Z_{FSPS}、Z_S、Z_T 分别为全功率电源、电网、主变故障后的等效阻抗;Z_{MFj} 和 Z_{NFj} 分别为母线 M 到故障处和母线 N 到故障处的线路序阻抗;$\Delta \dot{U}_{Mj}$ 和 $\Delta \dot{U}_{Nj}$ 分别为母线 M、N 的序电压;$\Delta \dot{I}_{Mj}$ 和 $\Delta \dot{I}_{Nj}$ 分别为母线 M、N 流向故障点的序电流,$\Delta \dot{U}_{Fj}$ 和 $\Delta \dot{I}_{Fj}$ 分别为故障点处的序电压和流向故障点的序电流。

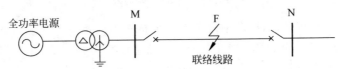

图 4.8　全功率电源并网仿真模型

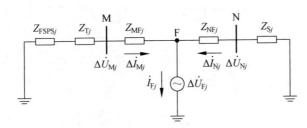

图 4.9　故障序分量网络图

在图4.9中,故障序分量网络中存在以下关系

$$\begin{cases} \arg(Z_{MF1}) \approx \arg(Z_{NF1}) \approx \arg(Z_{S1}) = \delta_{line1} \\ \arg(Z_{MF2}) \approx \arg(Z_{NF2}) \approx \arg(Z_{S2}) = \delta_{line2} \end{cases} \quad (4.14)$$

由式(4.14)可知,全功率电源接入系统的正序、负序电流分配系数 C_1、C_2 可以转化为

$$\begin{cases} C_1 = \dfrac{\mid Z_{NF1} \mid + \mid Z_{S1} \mid}{\mid Z_{FSPS1} + Z_{T1} \mid \angle(\delta_{Z1} - \delta_{line1}) + \mid Z_{MF1} \mid + \mid Z_{NF1} \mid + \mid Z_{S1} \mid} \\ C_2 = \dfrac{\mid Z_{NF2} \mid + \mid Z_{S2} \mid}{\mid Z_{FSPS2} + Z_{T2} \mid \angle(\delta_{Z2} - \delta_{line2}) + \mid Z_{MF2} \mid + \mid Z_{NF2} \mid + \mid Z_{S2} \mid} \end{cases} \quad (4.15)$$

其中

$$\begin{cases} \delta_{Z1} = \arg(Z_{FSPS1} + Z_{T1}) \\ \delta_{Z2} = \arg(Z_{FSPS2} + Z_{T2}) \end{cases} \quad (4.16)$$

由式(4.15)可以看出,当全功率电源和主变的等效阻抗相角 δ_Z 等于线路阻抗角 δ_{line} 时,序分量电流分配系数为实数,选相元件可以正确动作,其对应的阻抗相量关系如图4.10所示。图中 δ_{T1} 表示变压器正序阻抗的相角,δ_{PT1} 表示(Z_{FSPS1} + Z_{T1})与 Z_{T1} 的夹角,$\overrightarrow{AB}$ 表示变压器的正序阻抗 Z_{T1},$\overrightarrow{OA}$、$\overrightarrow{O_1A}$、$\overrightarrow{O_2A}$ 表示不同幅

值对应的全功率电源等效正序阻抗 Z_{FSPS1}。

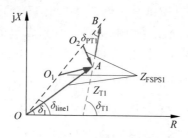

图 4.10　正序阻抗关系相量图

由图 4.10 可以看出,全功率电源正序阻抗在不同幅值下求解出的相角不同。根据前文分析得知,为了避免损坏电力电子器件,λ 设定为 0.1,即 10%,然后利用序电压、序电流即可得出全功率电源序阻抗的幅值。

在 $\triangle OAB$ 内,根据正弦定理得

$$\frac{|\overrightarrow{OA}|}{\sin(\delta_{\text{PT1}})} = \frac{|\overrightarrow{AB}|}{\sin(\delta_{\text{line1}} - \delta_1)} \tag{4.17}$$

其中

$$\delta_{\text{PT1}} = \delta_{\text{T1}} - \delta_{\text{line1}}, \quad |\overrightarrow{OA}| = |Z_{\text{FSPS1}}|, \quad |\overrightarrow{AB}| = |Z_{\text{T1}}| \tag{4.18}$$

由式(4.17)、式(4.18)可以得到正序阻抗的相角为

$$\delta_1 = \delta_{\text{line1}} - \arcsin\left(\frac{|Z_{\text{T1}}|\sin(\delta_{\text{PT1}})}{|Z_{\text{FSPS1}}|}\right) \tag{4.19}$$

对负序分量的分析与上述一致,因此,负序阻抗的相角为

$$\delta_2 = \delta_{\text{line2}} - \arcsin\left(\frac{|Z_{\text{T2}}|\sin(\delta_{\text{PT2}})}{|Z_{\text{FSPS2}}|}\right) \tag{4.20}$$

本方案通过阻抗重构技术控制故障网络中全功率电源等效序阻抗的相角,从而使得序电流分配系数为实数,保护安装处正序、负序电流之间的相位差等于故障点处正序、负序电流之间的相位差,消除了全功率电源故障特征对选相元件的影响,序故障分量选相元件能够根据图 4.4 所示判据正确判断故障类型和相别,其中在图 4.4(b)中,不同故障类型的区间大小为 30°,边界分别为 $n \times 60° \pm 15°$($n = 0$, 1,2,3,4,5)。例如,当 $-15° < \beta < 15°$ 时,判定为 AG 故障。

4.4　性能评估

为了验证 4.3 节理论分析的正确性,在 PSCAD/EMTDC 平台中搭建如图 4.8 所示电压等级为 10kV 电力系统模型。其中,全功率电源的额定容量为 2MVA,主变额定容量为 5MVA,额定变比为 10kV/0.27kV,短路阻抗百分比为 4%;MN 段线路总长为 16km,线路正序阻抗为 $(0.0178 + j0.314)\Omega/\text{km}$,零序阻抗为 $(0.295 + j1.04)\Omega/\text{km}$,系统等效正序阻抗为 $(0.2 + j3.53)\Omega$,等效零序阻抗为 $(0.3 + j1.06)\Omega$。

本节仿真过程中,故障时刻皆设为 2s。

图 4.11 给出了发生 A 相接地故障时全功率电源正序、负序阻抗的幅值和相角波形图。根据图 4.11 可知,由于故障期间并网逆变器采取抑制负序电流的控制目标,导致其负序阻抗远远大于正序阻抗,负序阻抗角也存在较大的波动。因此,保护安装处的序电流与故障点处的序电流相位不再相等,选相判据失效,序故障分量选相元件不能正确动作。

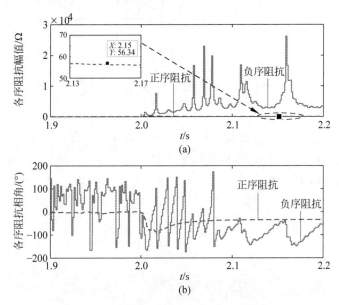

图 4.11 A 相接地故障时正负序阻抗幅值和相角
(a) 阻抗幅值;(b) 相角

由前文分析可知,采用抑制负序电流的控制目标可以降低制造成本,但消除负序电流后带来正、负电流分量相位差随机性较大的问题会导致选相元件误选相。因此,本章在 4.3 节提出了一种基于阻抗角重构的全功率电源控制策略。该方法在不影响电力电子器件安全性的前提下,通过注入少量特定幅值和相角的正序、负序电流来辅助选相元件正确动作。图 4.12 给出了距离全功率电源 2km 处经 0.1Ω 过渡电阻发生 A 相接地故障时全功率电源输出的三相电流波形图。在 2s 时刻发生故障后启动本章所提控制策略,向电网注入特定幅值和相角的正序、负序电流。由图 4.12 可以看出,故障前 A 相电流最大值为 5.5kA,故障后 A 相电流最大值为 6.08kA,其增幅不超过 20%,不会影响全功率电源的安全运行。

4.4.1 不同过渡电阻

距离全功率电源侧 8km 处分别经 1Ω、10Ω、20Ω 过渡电阻发生 A 相接地故障时,分别采用抑制负序电流的控制策略和本章所提新型控制策略,序故障分量选相元件的仿真结果如图 4.13 所示。图中阴影部分为 A 相接地故障判定区域,可以看

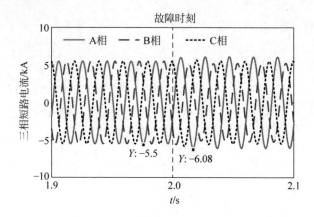

图 4.12　故障前后电流仿真波形对比

出,采用抑制负序电流的控制策略时,选相元件得到的正负序电流相位差 β 不稳定,甚至会落在 A 相接地故障判定区域外,导致选相元件误选相。采取 4.3 节所提控制策略时,无论过渡电阻大小,正负序电流相位差 β 一直位于 A 相接地故障区域内,并且接近最大灵敏角 0°,因此,序分量选相元件可以正确动作并具有较高的灵敏度。

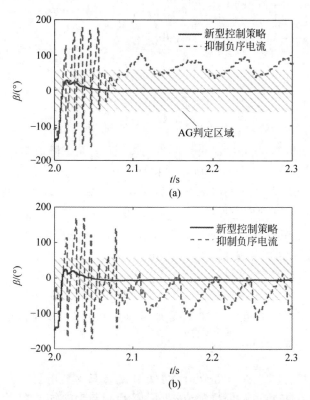

图 4.13　经不同过渡电阻发生 A 相接地故障时的仿真结果
(a) 过渡电阻为 1Ω;(b) 过渡电阻为 10Ω;(c) 过渡电阻为 20Ω

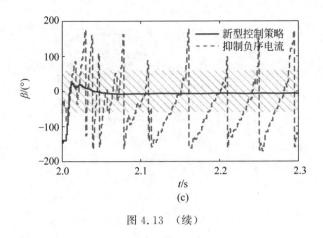

(c)

图 4.13 （续）

4.4.2 不同故障类型

距离全功率电源侧 2km、8km 和 12km 处经 10Ω 过渡电阻发生不同类型的故障时,序故障分量选相元件的仿真结果如图 4.14 所示。可以看出,达到稳态时不同故障位置对应的 β 值几乎重合。其中,发生 A 相接地故障后,正序与负序电流分量的相位差 β 接近 $0°$；发生 B 相接地故障后,β 接近 $-120°$；发生 AB 两相接地故障后,β 接近 $-60°$。根据图 4.4 所示的故障分区图,序故障分量选相元件能够准确判断故障类型和故障相,并且不受故障位置的影响。

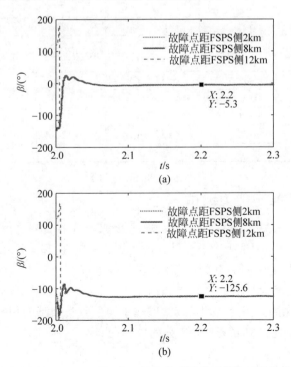

图 4.14 距离全功率电源 2km、8km 和 12km 处发生不同类型故障时的仿真结果(见文后彩图)
(a) A 相接地故障；(b) B 相接地故障；(c) AB 两相接地故障

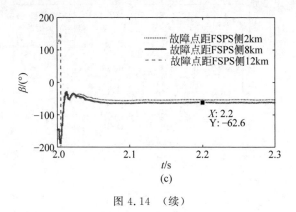

图 4.14 （续）

　　为了进一步验证所提控制策略在不同故障类型下的可靠性,表 4.2 给出了经不同过渡电阻发生故障时正序、负序电流相位差的仿真结果。由表 4.2 可以看出,当全功率电源采取本节所提的阻抗角重构策略时,无论过渡电阻取何值,序故障分量选相元件均能正确动作,具有较强的耐受过渡电阻能力。

表 4.2　不同故障类型和不同过渡电阻下正负序电流相位差的仿真结果

故障类型		不同过渡电阻正负序电流相位差		
		1Ω	10Ω	20Ω
单相 接地故障	AG	−1.6°	−5.1°	−5.7°
	BG	−121.3°	−125.5°	−125.7°
	CG	119.8°	125.0°	124.6°
相间 短路故障	AB	−59.7°	−63.9°	−64.6°
	BC	−179.8°	−183.3°	−184.8°
	CA	59.8°	57.6°	55.3°
两相 接地故障	ABG	−53.8°	−61.9°	−64.8°
	BCG	−174.6°	−182.6°	−183.8°
	CAG	58.7°	57.9°	55.1°

4.4.3　抗噪声能力测试

　　在实际的继电保护装置中,测量信号会受到噪声干扰,保护方法需要具备一定的抗噪声能力。为了测试噪声干扰对保护性能的影响,距离全功率电源侧 8km 处经 5Ω 过渡电阻发生不同类型的故障时,在测量电流中加入不同强度的高斯白噪声,序故障分量选相元件的仿真结果如图 4.15 所示。可以看出,加入噪声后的仿真结果与原结果相比发生了较小波动,但在不同故障类型下选相元件仍然能够可靠动作,验证了所提保护方法具有较强的抗噪性。

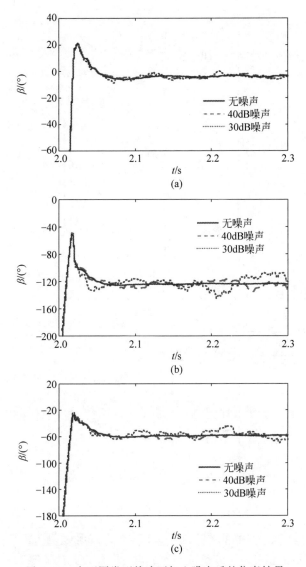

图 4.15 在不同类型故障下加入噪声后的仿真结果

(a) A 相接地故障；(b) B 相接地故障；(c) AB 两相接地故障

4.4.4 含光伏电源的 IEEE 15 节点系统仿真测试

为了进一步验证前文控制策略与选相元件协同配合的有效性，在 PSCAD 平台中搭建了含全功率电源的 IEEE 15 节点配电网模型，全功率电源以光伏电站为例，其系统结构如图 4.16 所示。其中，电网电压等级为 11kV，全功率电源容量为 2MVA，并网节点为节点 5，线路阻抗和负荷容量如图 4.16 所示。

表 4.3 给出了在不同故障条件下正序与负序电流分量相位差 β 的仿真结果。

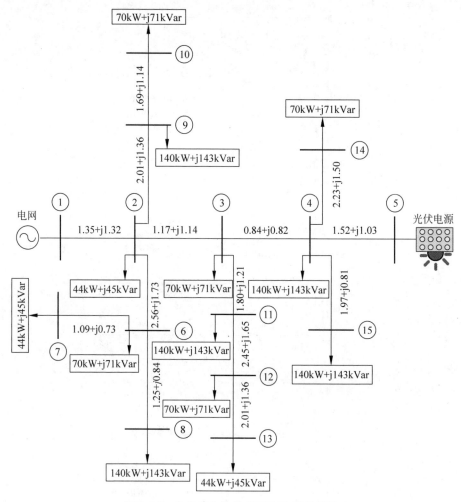

图 4.16 含光伏电站的 IEEE 15 节点系统

可以看出,在不同节点发生 A 相接地故障时,无论过渡电阻为何值,β 的仿真结果都接近 0°,其中最大值 1.4°,最小值 -2.2°,根据图 4.4 所示的选相判据序故障分量选相元件能够判定 A 相接地故障,并且具有较高的灵敏度。当发生其他类型的故障时,由表 4.3 中的数据分析得知序分量选相元件均能正确动作。

表 4.3 不同故障情况下正序与负序电流分量相位差 β 的仿真结果

故障类型	过渡电阻	故 障 节 点		
		节点 3	节点 6	节点 9
A 相接地	1Ω	-0.7	-1.2	-1.1
	10Ω	-2.2	-0.5	-0.3
	20Ω	-0.9	1.4	1.4

续表

故障类型	过渡电阻	故障节点		
		节点 3	节点 6	节点 9
B 相 接地	1Ω	−120.7	−121.4	−121.4
	10Ω	−121.7	−121.1	−120.6
	20Ω	−120.3	−118.5	−118.3
AB 两相 接地	1Ω	−57.8	−62.1	−62.3
	10Ω	−62.2	−65.6	−63.1
	20Ω	−64.1	−67.1	−66.3

4.5　本章小结

　　本章基于故障电流表达式推导出了相电流差突变量幅值关系表达式和各序分量之间的相位关系表达式,得到了相电流差突变量和序故障分量选相元件的动作性能受功率参考值、控制目标和故障条件等因素影响的结论,全功率电源接入将导致传统选相元件不能正确选相,尤其当全功率电源采用抑制负序电流作为控制目标时,传统选相元件完全失效,仿真结果证明了上述理论分析的正确性。

　　全功率电源恶化了传统选相元件的动作性能,传统选相元件不再适应于含全功率电源的电网输电线路中。基于序阻抗角重构技术,本章提出了一种增强序故障分量选相元件适应性的控制策略。该策略能够自适应调整全功率电源的故障特征,保证选相元件正确动作,并且不受过渡电阻、故障位置等故障条件的影响,具有较高的灵敏度和一定的抗噪声能力,很好地改善了序故障分量选相元件的动作性能。

第5章

负序方向元件适应性分析及控保协同方案

5.1　引言

负序方向元件(negative-sequence directional element,NSDE)是输电线路中方向比较式纵联保护的关键元件,其正确动作对传统电网稳定、可靠与安全运行起到至关重要作用。全功率电源接入改变了送出线路的故障电流特征,从而导致负序方向元件存在适应性问题。基于此,本章将输电线路划分为Ⅰ型线路和Ⅱ型线路,分别研究了全功率电源对Ⅰ型线路和Ⅱ型线路负序方向元件动作性能的影响,详细分析了全功率电源接入对负序方向元件的影响机理,对新型电力系统中负序方向元件的研究具有参考价值。

针对全功率电源受变流器控制策略的影响,导致全功率电源侧的负序电流的相角变化很大,使得负序方向元件不能正确动作的问题,本章提出了一种与负序方向元件协同配合的全功率电源控制策略,通过注入受限幅值和特定相角的负序电流,辅助负序方向元件正确判别故障方向。

5.2　负序方向元件适应性分析

在含全功率电源的电力系统中,将线路划分为Ⅰ型线路和Ⅱ型线路。其中,线路一端直接或间接与全功率电源相连的线路为Ⅰ型线路,而线路两端直接或间接与同步电源连接的线路为Ⅱ型线路。图 5.1 为含全功率电源的改进 IEEE 39 节点系统,线路 l_{35-22} 为全功率电源的送出线路,因母线 35 直接与全功率电源相连,线路 l_{35-22} 为Ⅰ型线路,其余的线路为Ⅱ型线路。以线路 l_{22-23} 为例,该线路间接与多个同步电源相连,故线路 l_{22-23} 为Ⅱ型线路。然而,在某些情况下,Ⅱ型线路可以转换为Ⅰ型线路。如果线路 l_{21-22} 因故障或超负荷而断开,那么母线 22 通过线路 l_{22-35} 间接连接到全功率电源,线路 l_{22-23} 便由Ⅱ型线路转换为Ⅰ型线路。

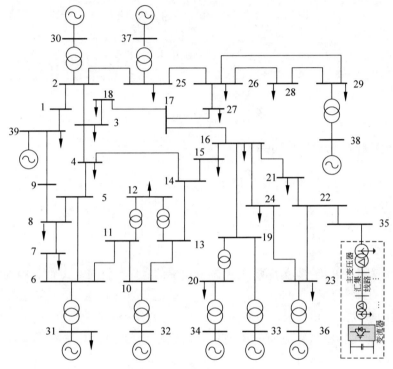

图 5.1　含全功率电源的改进 IEEE 39 节点系统

图 5.2 为含全功率电源的电力系统简化模型。线路 MN、NR、NP 的长度均为 40km,即 $l_{MN}=l_{NR}=l_{NP}=40$ km。220kV 电压等级的线路 MN、NR 和 NP 的单位长度正序、零序阻抗分别为: $Z_{L1}=Z_{L2}=(0.107+\text{j}0.427)\Omega/\text{km}, Z_{L0}=(0.535+\text{j}1.153)\Omega/\text{km}$。同步电源 S 的参数为: $Z_{S1}=Z_{S2}=(2.1+\text{j}8.5)\Omega, Z_{S0}=(1.5+\text{j}12.5)\Omega, \dot{E}_S=230\angle10°$。同步电源 G 的参数为: $Z_{G1}=Z_{G2}=(1.7+\text{j}6.9)\Omega$, $Z_{G0}=(2.1+\text{j}10.9)\Omega, \dot{E}_G=230\angle0°$。主变容量为 200 MVA,额定变比为 230kV/37kV,短路阻抗为 16%。

根据Ⅰ型线路和Ⅱ型线路的定义,线路 l_{MN} 为Ⅰ型线路,线路 l_{NP} 和 l_{NR} 为Ⅱ型线路。本节以线路 l_{MN} 和 l_{NP} 的负序方向元件为例,详细分析了全功率电源对Ⅰ型线路和Ⅱ型线路的负序方向元件的影响。在图 5.2 中,R_{ij} 表示母线 i 处流向

母线 j 的继电器。

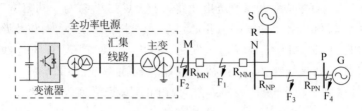

图 5.2   含全功率电源的电力系统简化模型

保护安装处的负序电压和电流相量分别由 $\dot{U}_{\text{measured2}}$ 和 $\dot{I}_{\text{measured2}}$ 来表示,保护安装处测得的负序阻抗可以表示为

$$Z_{\text{measured2}} = \frac{\dot{U}_{\text{measured2}}}{-\dot{I}_{\text{measured2}}} \tag{5.1}$$

负序方向元件的故障方向判据为

$$\begin{cases} -90° + \varphi_{\text{sen}} \leqslant \arg(Z_{\text{measured2}}) < 90° + \varphi_{\text{sen}}, & \text{正向故障} \\ -270° + \varphi_{\text{sen}} \leqslant \arg(Z_{\text{measured2}}) < -90° + \varphi_{\text{sen}}, & \text{反向故障} \end{cases} \tag{5.2}$$

式中,φ_{sen} 表示为正向故障的最大灵敏角。因此,反向故障的最大灵敏角为 $(\varphi_{\text{sen}} - 180°)$。

由文献[34]可知,交流电源、线路及变压器的负序阻抗角是近似相等的。通常情况下,为了确保负序方向元件能够十分灵敏地识别故障方向,通常选择交流电源、线路的负序阻抗角或其近似值作为负序方向元件的最大灵敏角 φ_{sen}。以图 5.1 中线路 $l_{22\text{-}23}$ 的两个负序方向元件为例。母线 23 的背侧的等效负序阻抗角约为 83°,线路 $l_{22\text{-}23}$ 的负序阻抗角约为 86.4°,综合考虑,将 85° 作为发生正向故障时负序方向元件的最大灵敏角。同样,根据图 5.2 线路及交流电力系统的参数,图 5.2 所示系统发生正向故障时,负序方向元件的最大灵敏角设定为 75°。因此,交流电源与线路的负序阻抗角与最大灵敏角 φ_{sen} 近似相等。

由式(2.24)、式(2.26)和式(2.27)可以得到,全功率电源的等效负序阻抗为

$$Z_{\text{FSPS2}} = \frac{\dot{U}_{\text{FSPS}\phi 2}}{-\dot{I}_{\text{FSPS}\phi 2}} = | Z_{\text{FSPS2}} | \angle \varphi_{\text{FSPS2}} \tag{5.3}$$

式中,$| Z_{\text{FSPS2}} |$ 和 φ_{FSPS2} 分别表示全功率电源的等效负序阻抗的幅值和相角,其分别为

$$| Z_{\text{FSPS2}} | = \frac{U_2}{| k_\chi | k_\rho I_m} = \frac{3U_1^2}{2\sqrt{\left(\dfrac{k_\chi P^*}{1 - k_\chi k_\rho^2}\right)^2 + \left(\dfrac{k_\chi Q^*}{1 + k_\chi k_\rho^2}\right)^2}} \tag{5.4}$$

$$\varphi_{\mathrm{FSPS2}} = \arctan\frac{Q^*(1-k_\chi k_\rho^2)}{P^*(1+k_\chi k_\rho^2)} - (1-k_\chi)\cdot 90° \qquad (5.5)$$

由式(5.4)和式(5.5)可知,等效负序阻抗的幅值和相角主要与变流器控制目标、故障条件、有功与无功参考值及电力电子器件的过流能力等因素有关。

图5.3给出了含全功率电源的电力系统负序阻抗模型。图中,Z_{MN}、Z_{NP}和Z_{NR}分别为线路MN、NP和NR的负序阻抗,Z_{S}和Z_{G}为同步电源S和同步电源G的负序阻抗。基于图5.3、式(5.4)和式(5.5),下面分析Ⅰ型线路和Ⅱ型线路负序方向元件的动作性能。

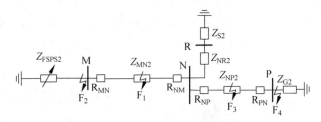

图5.3　含全功率电源的交流系统负序阻抗模型

5.2.1　Ⅰ型线路负序方向元件的性能分析

如图5.3所示,线路MN有两个负序方向元件,即R_{MN}在全功率电源侧,R_{NM}在同步电源侧。对于R_{MN}而言,在F_1处和F_2处发生故障,则分别被判定为正向故障和反向故障;对于R_{NM}而言,在F_1处和F_3处发生故障时,则分别被判定为正向故障和反向故障。

在F_1处发生故障时,继电器R_{MN}和R_{NM}测得的负序阻抗分别为

$$Z_{2\text{-}R_{\mathrm{MN}}} = Z_{\mathrm{FSPS2}} \qquad (5.6)$$

$$Z_{2\text{-}R_{\mathrm{NM}}} = (Z_{\mathrm{NR2}} + Z_{\mathrm{S2}})//(Z_{\mathrm{NP2}} + Z_{\mathrm{G2}}) \qquad (5.7)$$

其中,//表示阻抗并联运算。由式(5.6)可知,继电器R_{MN}的动作性能受全功率电源的负序阻抗控制,即全功率电源侧的负序阻抗表示为$\arg(Z_{2\text{-}R_{\mathrm{MN}}}) = \varphi_{\mathrm{FSPS2}}$。

负序方向元件的动作性能取决于负序方向元件能否准确地测量负序阻抗角。当$k_\chi = 0$时,全功率电源采用抑制负序电流作为不对称故障期间的控制目标,因此故障电流中不存在负序分量或负序分量极小,这将会导致负序方向元件感受到的阻抗角剧烈波动,具有不确定性,负序方向元件无法正常动作,可以参见4.4节中的负序阻抗角图,此处不再赘述;在实际的继电保护装置中,测量信号会受到噪声干扰,当负序分量没有抑制到零而是较小值时,负序方向元件也同样无法正常动作。同时,若负序电流较小时,负序方向元件极有可能不启动。因此,继电器R_{MN}可能会误判故障方向或无法识别故障方向。

当$k_\chi = 1$或-1时,全功率电源输出稳定的负序电流,R_{MN}可以测量出确定的

负序阻抗角。式(5.5)中，$Q^*(1-k_\chi k_\rho^2)>0$，$P^*(1+k_\chi k_\rho^2)>0$。当 $k_\chi=1$ 时，$\varphi_{\text{FSPS2}}=0°\sim90°$，在 $[-15°,165°)$ 区间内，此时，当 F_1 处发生故障时继电器 R_{MN} 能正确识别该故障为正向故障。然而，当 $P^*(1+k_\chi k_\rho^2)$ 远大于 $Q^*(1-k_\chi k_\rho^2)$ 时，$\varphi_{\text{FSPS2}}=0°$，导致继电器 R_{MN} 的灵敏性变差。当 $k_\chi=-1$ 时，φ_{FSPS2} 的范围为 $(-180°,-90°)$，根据式(5.2)，F_1 处故障被误判为反向故障。

将电压跌落系数 k_ρ 与有功参考值 P^* 设置为变量，全功率电源侧的等效负序阻抗角 φ_{FSPS2} 的变化情况如图 5.4 所示。图 5.4(a)和图 5.4(b)分别为 $k_\chi=1$ 或 -1 时的 φ_{FSPS2} 变化情况。图 5.4(a)中，设置变量 k_ρ 和 P^* 分别为：$0.1\leqslant k_\rho\leqslant0.9$，$0.0\leqslant P^*\leqslant0.8\text{pu}$，$\varphi_{\text{FSPS2}}$ 在 $(0°,90°)$ 区间内；图 5.4(b)中，$0.1\leqslant k_\rho\leqslant0.9$，$0.0\leqslant P^*\leqslant0.8\text{pu}$，$\varphi_{\text{FSPS2}}$ 位于 $(-150°,-90°)$。因此，继电器 R_{MN} 错判为反向故障的概率很高。

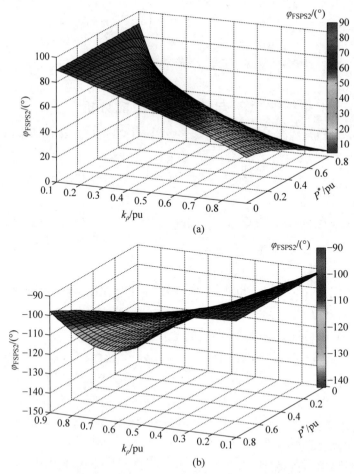

图 5.4　不同 k_ρ 和 P^* 的全功率电源负序阻抗角(见文后彩图)

(a) $k_\chi=1$；(b) $k_\chi=-1$

由式(5.7)可知,继电器 R_{NM} 的性能由 Z_{NR2}、Z_{NP2}、Z_{S2} 和 Z_{G2} 决定。由于 Z_{NR2}、Z_{NP2}、Z_{S2} 和 Z_{G2} 的相角接近最大灵敏角 φ_{sen},因此继电器 R_{NM} 可以正确、灵敏地识别 F_1 处的故障为正向故障。

当 F_2 处发生故障时,继电器 R_{MN} 测得的负序阻抗为

$$Z_{2\text{-}R_{MN}} = -(Z_{MN2} + (Z_{NR2} + Z_{S2})//(Z_{NP2} + Z_{G2})) \tag{5.8}$$

由于 Z_{NR2}、Z_{NP2}、Z_{S2} 和 Z_{G2} 的相角接近最大灵敏角 φ_{sen},$\arg(Z_{2\text{-}R_{MN}})$ 接近 $(\varphi_{sen} - 180°)$。根据式(5.2),继电器 R_{MN} 可以正确、灵敏地将 F_2 处的故障识别为反向故障。

当 F_3 处发生故障时,继电器 R_{NM} 测得的负序阻抗为

$$Z_{2\text{-}R_{NM}} = -(Z_{MN2} + Z_{FSPS2}) \tag{5.9}$$

由于全功率电源的弱馈特性,其输出的负序电流比同步电源侧的负序电流小得多。因此,全功率电源等效负序阻抗的幅值远大于同步电源及线路的负序阻抗幅值。图5.5是 $k_\chi = 1$ 时发生单相接地故障时的 Z_{FSPS2}、Z_{MN2}、Z_{S2} 和 Z_{G2} 幅值比较图。如图5.5所示,$|Z_{FSPS2}|$ 远大于 $|Z_{MN2}|$、$|Z_{S2}|$ 或 $|Z_{G2}|$。当 $k_\chi = 0$ 或 -1 时,也可以得到类似的结论,因此,式(5.9)可以简化为

$$Z_{2\text{-}R_{NM}} \approx -Z_{FSPS2} \tag{5.10}$$

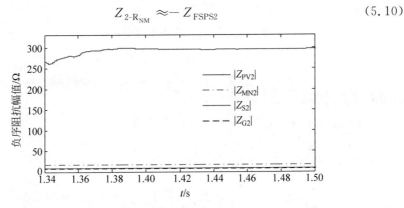

图 5.5　$k_\chi = 1$ 时发生单相接地故障时的 Z_{FSPS2}、Z_{MN2}、Z_{S2} 和 Z_{G2} 幅值比较

式(5.10)可以看出,$Z_{2\text{-}R_{NM}}$ 主要受 Z_{FSPS2} 的影响。基于上述的分析,当 $k_\chi = 0$ 时,φ_{FSPS2} 是不确定的;当 $k_\chi = 1$ 时,$\varphi_{FSPS2} \in (0°, 90°)$,$\arg(Z_{2\text{-}R_{NM}}) \in (-180°, -90°)$;当 $k_\chi = -1$ 时,$\varphi_{FSPS2} \in (-180°, -90°)$,$\arg(Z_{2\text{-}R_{NM}}) \in (0°, 90°)$。根据故障方向判据可知,当 $k_\chi = 0$ 或 -1 时,继电器 R_{NM} 可能将反向故障误判为正向故障。

通过上述分析,当 I 型线路发生正向故障时,全功率电源侧的负序方向元件极可能存在误判故障方向的风险,而发生反向故障时,该侧负序方向元件可以正确、灵敏地识别故障方向。相反,同步电源侧的负序方向元件存在误判 I 型线路反向故障的风险,但能正确、灵敏地识别正向故障。

5.2.2　Ⅱ型线路负序方向元件的性能分析

如图 5.3 所示,线路 l_{NP} 上有两个负序方向元件,即全功率电源侧的继电器 $\mathrm{R_{NP}}$ 和同步电源侧的继电器 $\mathrm{R_{PN}}$。对于 $\mathrm{R_{NP}}$ 而言,发生在 $\mathrm{F_3}$ 和 $\mathrm{F_1}$ 处的故障分别为正向故障和反向故障;对于 $\mathrm{R_{PN}}$ 而言,发生在 $\mathrm{F_3}$ 和 $\mathrm{F_4}$ 处的故障分别为正向故障和反向故障。

当 $\mathrm{F_3}$ 处发生故障时,继电器 $\mathrm{R_{NP}}$ 和 $\mathrm{R_{PN}}$ 测得的负序阻抗分别为

$$Z_{2\text{-}\mathrm{R_{NP}}} = (Z_{\mathrm{FSPS2}} + Z_{\mathrm{MN2}}) // (Z_{\mathrm{S2}} + Z_{\mathrm{NR2}}) \tag{5.11}$$

$$Z_{2\text{-}\mathrm{R_{PN}}} = Z_{\mathrm{G2}} \tag{5.12}$$

基于以上分析,Z_{FSPS2} 的幅值远大于 Z_{MN2}、Z_{S2} 和 Z_{NR2} 的幅值,因此,式(5.11)可以被简化为

$$Z_{2\text{-}\mathrm{R_{NP}}} \approx Z_{\mathrm{S2}} + Z_{\mathrm{NR2}} \tag{5.13}$$

由于 Z_{NR2}、Z_{S2} 和 Z_{G2} 的相角接近最大灵敏角 φ_{sen},$\arg(Z_{2\text{-}\mathrm{R_{NP}}}) \approx \arg(Z_{2\text{-}\mathrm{R_{PN}}}) \approx \varphi_{\mathrm{sen}}$。因此,在 $\mathrm{F_3}$ 处发生的故障可以被继电器 $\mathrm{R_{NP}}$ 和 $\mathrm{R_{PN}}$ 正确地识别为正向故障。

当 $\mathrm{F_1}$ 处发生故障时,继电器 $\mathrm{R_{NP}}$ 测得的负序阻抗为

$$Z_{2\text{-}\mathrm{R_{NP}}} = -(Z_{\mathrm{NP2}} + Z_{\mathrm{G2}}) \tag{5.14}$$

因此,$\arg(Z_{2\text{-}\mathrm{R_{NP}}}) \approx (\varphi_{\mathrm{sen}} - 180°)$,继电器 $\mathrm{R_{NP}}$ 可以灵敏地识别发生在 $\mathrm{F_1}$ 处的故障为反向故障。

当 $\mathrm{F_4}$ 处发生故障时,继电器 $\mathrm{R_{PN}}$ 测得的负序阻抗为

$$Z_{2\text{-}\mathrm{R_{PN}}} = -((Z_{\mathrm{FSPS2}} + Z_{\mathrm{MN2}}) // (Z_{\mathrm{S2}} + Z_{\mathrm{NR2}}) + Z_{\mathrm{NP2}}) \approx -(Z_{\mathrm{S2}} + Z_{\mathrm{NR2}} + Z_{\mathrm{NP2}})$$

$$\tag{5.15}$$

显然,$\arg(Z_{2\text{-}\mathrm{R_{PN}}}) \approx (\varphi_{\mathrm{sen}} - 180°)$,因此,发生在 $\mathrm{F_4}$ 处的故障可以被继电器 $\mathrm{R_{PN}}$ 准确、灵敏地识别为反向故障。

根据上述分析,Ⅱ型线路两端的负序方向元件均可以准确识别故障方向。表 5.1 展示了理论分析的结果,表 5.1 中,"√"表示负序方向元件可以正确识别故障方向,而"×"则表示负序方向元件可能不能识别或者错误识别故障方向。

表 5.1　负序方向元件动作性能理论分析的结果

线路类型	负序方向元件的位置	正向故障	反向故障
Ⅰ型线路	全功率电源侧的负序方向元件	×	√
	同步电源侧的负序方向元件	√	×
Ⅱ型线路	全功率电源侧的负序方向元件	√	√
	同步电源侧的负序方向元件	√	√

5.3　基于控保协同的负序方向元件改进方案

本节所提方案通过主动注入一定的负序电流,配合负序方向元件,使其正确识别故障方向。但应满足以下要求:①电力电子器件的安全性能不能受到太大影响;②负序方向元件能够准确、灵敏地区分正向故障和反向故障。该策略要求变流器注入的负序电流应具备幅值受限和相角特定两个特点,进而协助负序方向元件判定故障方向。此外,注入负序电流的幅值受限,不足以对电力电子器件的安全运行产生影响。

系统正常运行时,变流器在单位功率因数下运行,发出的无功功率为零。但在发生故障时,需要提供无功功率支撑。根据中国电网技术规范要求[88],变流器的正序无功电流参考值可设置为

$$
i_{q1ref} = \begin{cases} 0, & U_{pcc1} > 0.9U_N \\ 1.5I_N\left(0.9 - \dfrac{U_{pcc1}}{U_N}\right), & 0.2U_N \leqslant U_{pcc1} \leqslant 0.9U_N \\ 1.05I_N, & U_{pcc1} < 0.2U_N \end{cases} \tag{5.16}
$$

式中,I_N 为变流器的额定电流;U_N 为并网点的额定电压;U_{pcc1} 为并网点正序电压幅值。

正序电流参考值的幅值不应超过其最大允许值 I_{max1}。约束条件为

$$
\sqrt{i_{d1ref}^2 + i_{q1ref}^2} \leqslant I_{max1} \tag{5.17}
$$

相应地,变流器正序有功电流参考值为

$$
i_{d1ref} = \begin{cases} P^*/u_{d1}, & U_{pcc1} > 0.9U_N \\ \min(P^*/u_{d1}, \sqrt{I_{max1}^2 - i_{q1ref}^2}), & 0.2U_N \leqslant U_{pcc1} \leqslant 0.9U_N \\ \min(P^*/u_{d1}, \sqrt{I_{max1}^2 - i_{q1ref}^2}), & U_{pcc1} < 0.2U_N \end{cases} \tag{5.18}
$$

由式(5.16)、式(5.18)可知,当电压跌落较小时,变流器的容量主要提供有功输出。但电压跌落较大时,则优先提供无功支撑。PLL 使正序电压空间矢量与 d 轴重合,则 $u_{q1}=0$。因此,当 $U_{pcc1} > 0.9U_N$ 时,$i_{d1ref} = P^*/u_{d1}$。

为了保证负序方向元件能够正确、灵敏地识别故障方向,需要满足以下关系

$$
\varphi_{FSPS2} = \varphi_{sen} \tag{5.19}
$$

为了满足式(5.19)的数学关系,负序电流应超前负序电压 $180° - \varphi_{sen}$。因此,负序电流的参考值可以表示为

$$
\dot{i}_{dq2ref} = k_f I_{m2ref} \frac{\dot{u}_{dq2}}{|\dot{u}_{dq2}|} e^{-j(180° - \varphi_{sen})} \tag{5.20}
$$

式中,I_{m2ref} 为负序参考电流的幅值;k_f 为故障系数。当检测到发生不对称故障

时,$k_f=1$,反之,$k_f=0$;$\dot{u}_{dq2}$ 为负序电压矢量,$\dot{i}_{dq2ref}$ 为负序电流空间矢量的参考值。由式(5.20)可以得出

$$\begin{cases} i_{d2ref} = -k_f I_{m2ref} \dfrac{u_{d2}\cos\varphi_{sen} - u_{q2}\sin\varphi_{sen}}{\sqrt{u_{d2}^2 + u_{q2}^2}} \\ i_{q2ref} = -k_f I_{m2ref} \dfrac{u_{q2}\cos\varphi_{sen} + u_{d2}\sin\varphi_{sen}}{\sqrt{u_{d2}^2 + u_{q2}^2}} \end{cases} \tag{5.21}$$

I_{m2ref} 的取值十分重要,它关系着负序方向元件能否正确动作。在任何情况下,注入的负序电流都不能影响变流器的正常运行。I_{max} 是变流器的最大允许值,I_{max1} 和 I_{max2} 分别为正序、负序电流的最大允许值。为了确保变流器的安全运行,I_{max} 的约束条件设计为

$$I_{max2} \leqslant I_{max} - I_{max1} \tag{5.22}$$

因此,可得约束条件为

$$I_{m2ref} \leqslant I_{max2} \leqslant I_{max} - I_{max1} \tag{5.23}$$

不平衡负载产生的不平衡电流可能会对负序方向元件的动作性能产生不利影响,尤其是变流器注入较小的负序电流时,该不利影响将会恶化。为了尽可能地减少不平衡负载带来的不利影响,避免负序方向元件的不正确动作,I_{m2ref} 应设置为允许范围内的最大值。I_{m2ref} 值越大,负序方向元件的可靠性和灵敏性就越高。最大限度提高负序方向元件的可靠性和灵敏性可以保证变流器的安全性,因此,将 I_{m2ref} 设置为最大值,即 $I_{m2ref} = I_{max2}$。

通常 I_{max} 为 $1.1 \sim 1.5\text{pu}$ 的额定电流。本章中 I_{max} 设置为 1.3pu,分别为 1.1pu 的 I_{max1} 和 0.2pu 的 I_{max2}。因此,设置 I_{m2ref} 为 0.2pu。

当负序电流跟随式(5.21)给定的负序电流参考值时,全功率电源负序阻抗角等于最大灵敏角。基于此,负序方向元件可以灵敏地区分正向故障和反向故障。图 5.6 为改进的控制策略框图。

负序方向元件的故障方向检测的实现步骤如下。

(1) 数据采样。分别对保护安装处的三相电压和三相电流进行采样。

(2) 数据处理。实现正负序分离以及相量计算。

(3) 不对称故障检测。如果出现不对称故障,则启动负序分量方向元件并执行下一步操作。否则,退出负序方向元件的运行,返回(1)。当发生不对称故障时,将有限幅值和规定相角的负序电流注入输电线路。

(4) 当负序电压幅值大于阈值时,即检测到不对称故障。阈值设置为单相接地故障、相间短路故障和两相接地故障产生的负序电压最小值的 10%。因此,可得

$$U_{th2} = 0.1 \times \min\{U_{SSLG2}, U_{SLL2}, U_{SLLG2}\} \tag{5.24}$$

式中,U_{SSLG2}、U_{SLL2} 和 U_{SLLG2} 分别为单相接地故障、相间短路故障和两相接地故

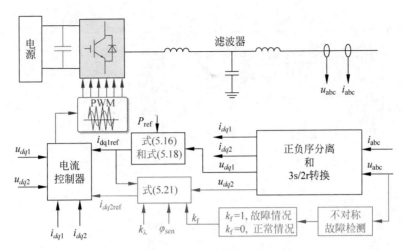

图 5.6　改进的控制策略框图

障产生的负序电压幅值。阈值可按式(5.24)确定,保证在各种类型的不对称故障下的负序方向元件能正确动作。

(5) 计算负序阻抗角,识别故障方向。

5.4　性能评估

5.4.1　控保协同方案的性能评估

为了避免负序方向元件误判故障方向,本章提出了一种控保协同方案。为测试所提方案的动作性能,在 PSCAD/EMTDC 平台中搭建图 5.2 所示的简化电力系统仿真模型,全功率电源选择光伏电站。

图 5.7 给出了不同类型的非对称故障的仿真结果,故障发生在 $t=1\mathrm{s}$ 时刻。图 5.7 中,故障类型分别设置为 A 相接地故障,BC 相间短路故障和 BC 两相接地故障。如图 5.7(a)所示,在 F_1 处发生故障时,继电器 R_{MN} 检测的负序阻抗角位于正向故障区内,因此,3 种不同类型的故障均被识别为正向故障。F_2 处发生故障时,R_{NM} 检测的负序阻抗角位于反向故障区内,因此 3 类故障被正确地识别为反向故障。此外,无论发生正向故障还是反向故障,检测到的负序阻抗角均接近于对应的最大灵敏角。因此,继电器 R_{MN} 可以正确、灵敏地识别正向故障和反向故障。根据图 5.7(b)~图 5.7(d)进行分析,继电器 R_{NM}、R_{NP} 和 R_{PN} 均可以得出相同的结论。综上所述,采用控保协同方案,在不同类型的非对称故障下,Ⅰ型线路和Ⅱ型线路的负序方向元件皆可实现较好的故障方向识别性能。

5.4.2　在改进 IEEE 39 节点系统中的性能评估

本节为光伏电站接入改进的 IEEE 39 节点的新英格兰系统中采用提出的控制

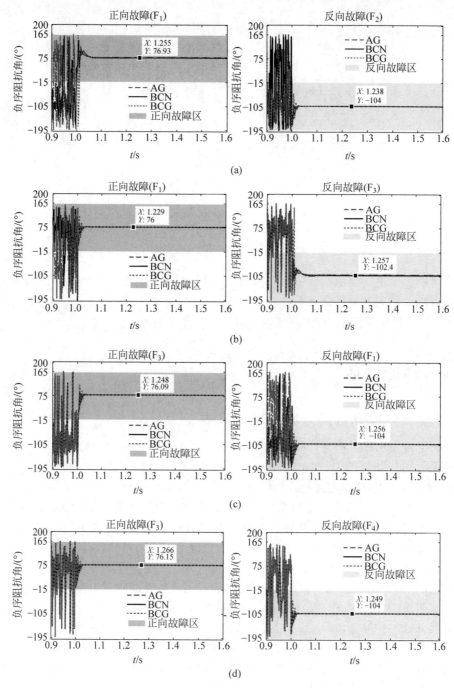

图 5.7 不同故障类型的仿真结果(见文后彩图)

(a) R_{MN};(b) R_{NM};(c) R_{NP};(d) R_{PN}

策略进行负序方向元件性能评估。以图 5.1 中线路 35-22（Ⅰ型线路）和线路 22-33（Ⅱ型线路）为例，IEEE 39 节点系统的等效电路如图 5.8 所示。根据 IEEE 39 节点系统参数可知，正向故障的最大灵敏角选取 85°，反向故障的最大灵敏角选取 −95°。

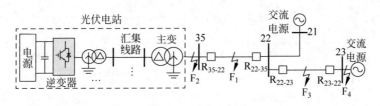

图 5.8　含光伏电站的 IEEE 39 节点的新英格兰系统的等效模型

为了验证控保协同方案耐受过渡电阻的能力，$t = 5$s 时在 F_1 处设置不同过渡电阻的 A 相接地故障，继电器 R_{35-22}、R_{22-35}、R_{22-23}、R_{23-22} 的仿真结果如图 5.9 所示。

继电器 R_{35-22} 识别 F_1 处的故障为正向故障，识别 F_2 处的故障为反向故障。从图 5.9(a) 可以看出，当在 F_1 处发生不同过渡电阻的故障时，继电器 R_{35-22} 检测到的负序阻抗角位于正向故障动作区内，稳态值约为 85.71°，近似等于正向故障的最大灵敏角 85°，因此，F_1 处的故障能被正确且灵敏地识别为正向故障。当 F_2 处发生不同过渡电阻的故障时，负序阻抗角位于反向故障区，稳态值为 −96.94°，近似等于反向故障的最大灵敏角 −95°，因此，F_2 处的故障可以被正确且灵敏地识别为反向故障。从图 5.9(a) 可以看出，改进后的控制策略不受过渡电阻的影响，使得继电器 R_{35-22} 能够在较大的故障范围内正确、灵敏地识别正、反向故障。分析图 5.9(b)～图 5.9(d)，继电器 R_{22-35}、R_{22-23}、R_{23-22} 也可以得出如继电器 R_{35-22} 类似的结果。综上所述，改进的控制策略具有较强的抗过渡电阻能力，使得具有光伏电站接入的 IEEE 39 节点的系统中，Ⅰ型线路和Ⅱ型线路的 4 个负序方向元件均可以表现出优异的性能。

5.4.3　不平衡负载和高过渡电阻下的性能评估

为了验证所提方案在不平衡负载和高过渡电阻情况下的性能，在改进的 IEEE 39 节点系统中，将一个 150MW 的不平衡负载（A、B、C 三相分别为 60MW、50MW、40MW）连接到母线 35 上。$t = 5$s 时发生 A 相接地故障，过渡电阻为 100Ω，故障位置设置在图 5.8 中的 F_1 处。对于继电器 R_{35-22} 可以准确识别 F_1 处的故障为正向故障。

如上文分析所述，负序方向元件只有在检测到非对称故障才可以启动，因此，负序方向元件在正常情况下保持不动作，这可以防止不必要的操作。图 5.10 显示了继电器 R_{35-22} 检测负序电流参考值分别为 $I_{m2ref} = 0.03$pu、0.05pu、0.1pu 和 0.2pu 时对应的负序阻抗角。如图 5.10(a) 所示，当 $I_{m2ref} = 0.03$pu 时，负序阻抗

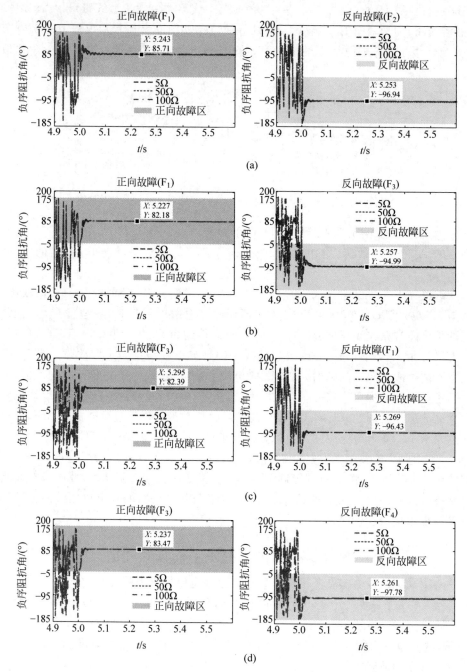

图 5.9 改进的 IEEE 39 节点系统在不同过渡电阻下的仿真结果(见文后彩图)

(a) R_{35-22}; (b) R_{22-35}; (c) R_{22-23}; (d) R_{23-22}

角由于受不平衡负载的影响进入反向故障区,导致误识别故障方向。这种情况下,继电器不能正确、可靠动作。从图 5.10(b)~图 5.10(d)可以看出,当 $I_{m2ref} >$

0.05pu 时,在 F_1 处的故障被识别为正向故障。I_{m2ref} 值越大,可靠性和灵敏性就越高,即 I_{m2ref} 设置为 I_{max2}。从图 5.10(d)可以看出,当 $I_{m2ref}=0.2$pu 时,负序阻抗角接近于正向故障时的最大灵敏角,仿真结果验证了 I_{m2ref} 选择原则的有效性。

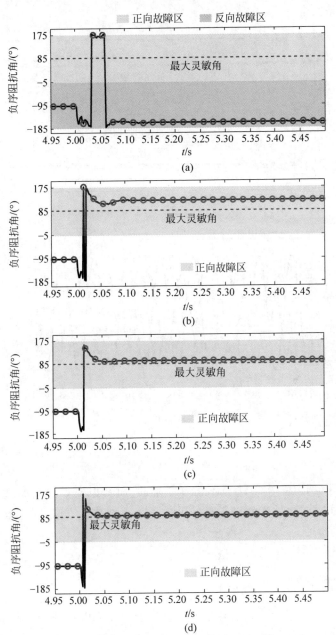

图 5.10 改进的 IEEE 39 节点系统在不平衡负载和高过渡电阻下的仿真结果(见文后彩图)

(a) $I_{m2ref}=0.03$pu; (b) $I_{m2ref}=0.05$pu; (c) $I_{m2ref}=0.1$pu; (d) $I_{m2ref}=0.2$pu

根据 I_{m2ref} 的选择原则,I_{m2ref} 应等于 I_{max2}(0.2pu)。图 5.11 为 $I_{\text{m2ref}}=$ 0.2pu 时的变流器输出电流波形,图 5.11(a)中,注入的负序电流幅值近似等于参考值,即 0.2pu;图 5.11(b)中,变流器的三相电流小于最大允许电流 I_{max},保证了变流器的设备安全。

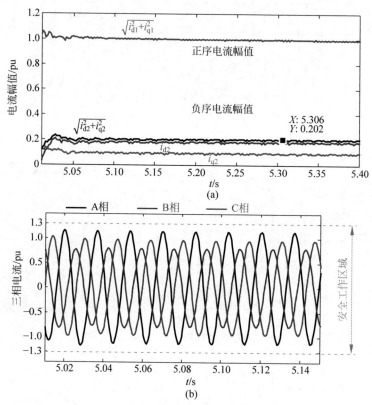

图 5.11　当 $I_{\text{m2ref}}=0.2$pu 时变流器输出电流的仿真波形(见文后彩图)

(a) 电流幅值;(b) 三相电流

通过对图 5.10 和图 5.11 所示仿真结果的分析,根据 5.3 节提出的依据确定 I_{m2ref} 时,负序方向元件能够以很高的灵敏度来识别故障方向,同时也保证了变流器的安全运行。

5.5　本章小结

根据本章分析,负序方向元件的动作性能受全功率电源功率参考值、控制目标和正序电压跌落深度等因素影响,全功率电源接入可能导致负序方向元件不能正确动作。针对该问题,本章提出了将输电线路分为Ⅰ型线路和Ⅱ型线路的分类标准,并得出以下结论:全功率电源恶化了Ⅰ型线路的负序方向元件的动作性能,全功率电源侧的负序方向元件可能错判正向故障,而同步电源侧的负序方向元件可能错判反向故障;Ⅱ型线路的负序方向元件可以正确识别正向和反向故障,不受全功率电源的影响。

为解决上述问题,本章提出了一种能使负序方向元件正确识别故障方向的控保协同方案,通过变流器注入具有受限幅值和特定相角的负序电流,辅助负序方向元件在不同故障位置和过渡电阻的情况下能正确、灵敏地识别故障方向。该控制的优势在于:灵敏度高且具有良好的抗过渡电阻的能力,适用于各种类型的不对称故障;负序电流的计算方式简单有效;不需要对保护装置进行升级,不增加硬件成本。需要指出的是,本章所提方案仅适用于非对称故障,如何解决对称故障下的故障方向识别问题需要进一步研究。

第6章

电流差动保护适应性分析及新型差动保护方法

6.1 引言

由于具有绝对的选择性、响应速度快等优点,电流差动保护一般作为 220kV 及以上电压等级线路的主保护。电流差动保护能够快速切除被保护线路中任一点故障,其正确动作对传统电网高压输电网络稳定、可靠与安全运行至关重要。根据第 2 章的分析,全功率电源故障电流相角的变化范围很大,使得线路两侧故障电流相角差可能为较大的钝角。当线路两侧故障电流幅值差异不是特别显著时,较大的相角差导致电流差动保护灵敏度下降甚至拒动,这一点会在后文中详细分析。本章对电流差动保护的临界动作条件和全功率电源接入对电流差动保护的影响机理进行了分析,对新型电力系统中电流差动保护动作性能的研究具有参考价值。

本章基于对电流差动保护动作性能问题的分析所得的结论,对传统差动保护进行了改进,提高了差动保护的灵敏度。此外还提出了多种保护新原理,经验证这些新原理均能准确地识别故障,不受全功率电源运行模式的影响,也不受故障类型、故障位置和过渡电阻的影响,在多种非理想条件下表现出较好的鲁棒性。

6.2 电流差动保护适应性分析

6.2.1 电流差动保护临界动作条件分析

根据文献[97]中的内容,带制动特性的电流差动保护判据为

$$\underbrace{|\dot{I}_1 + \dot{I}_2|}_{I_{op}} > K \underbrace{|\dot{I}_1 - \dot{I}_2|}_{I_{res}} \tag{6.1}$$

式中,I_{op} 为差动电流;I_{res} 为制动电流;K 为制动系数,一般在 $0.5 \sim 0.8$ 范围内取值,根据参考文献[55],本节取 $K = 0.8$。下文重点分析全功率电源接入后对判据的影响,以此揭示全功率电源导致电流差动电流灵敏度下降甚至拒动的原因。图 6.1 为接入全功率电源的简化等效模型。

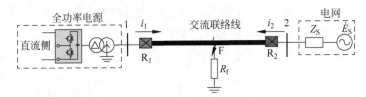

图 6.1 含全功率电源的简化等效模型

下面将从理论分析的角度给出电流差动保护动作的临界条件。线路两侧电流幅值比 λ 和相角差 δ 分别为

$$\lambda = \frac{\max\{|\dot{I}_1|, |\dot{I}_2|\}}{\min\{|\dot{I}_1|, |\dot{I}_2|\}} \tag{6.2}$$

$$\delta = |\arg(\dot{I}_1) - \arg(\dot{I}_2)| \tag{6.3}$$

区内故障时,线路两侧故障电流相角差越小,越利于保护动作。考虑线路两侧电流相位关系最坏的情况,假设其相角差 δ 为 $180°$,此时电流 $\dot{I}_1$ 和 $\dot{I}_2$ 反相。根据式(6.1)可得

$$\lambda > \frac{1 + K}{1 - K} \tag{6.4}$$

因此,当幅值比 λ 满足式(6.4)关系时,无论相角差 δ 如何变化,理论上电流差动保护均可识别区内故障。当 K 取 0.8 时,$\lambda > 9$。

将式(6.2)和式(6.3)代入到式(6.1),可得

$$|\dot{I}_1 + \dot{I}_2| > K|\dot{I}_1 - \dot{I}_2| \Rightarrow ||\dot{I}_2|\angle\delta + |\dot{I}_1|| > K||\dot{I}_2|\angle\delta - |\dot{I}_1||$$
$$\Rightarrow |\lambda\angle\delta + 1| > K|\lambda\angle\delta - 1|$$

则

$$\sqrt{(\lambda\cos\delta+1)^2+\lambda^2\sin^2\delta} > K\sqrt{(\lambda\cos\delta-1)^2+\lambda^2\sin^2\delta} \qquad (6.5)$$

根据式(6.5),构建如下函数

$$f(\lambda,\delta)=\sqrt{(\lambda\cos\delta+1)^2+\lambda^2\sin^2\delta}-K\sqrt{(\lambda\cos\delta-1)^2+\lambda^2\sin^2\delta} \qquad (6.6)$$

当 $f(\lambda,\delta)>0$,则判据(6.1)成立,判定为区内故障;当 $f(\lambda,\delta)<0$,则判据 (6.1)不成立,判定为区外故障。当 $f(\lambda,\delta)=0$ 时,差动保护处于临界动作状态。 当 $\delta<90°$ 时,差动保护必然能够可靠动作。根据前面的分析,当 $\lambda>9$ 时,无论线路 两侧电流的相角差如何变化,差动保护必然能够可靠动作。因此,为了得到差动保 护的临界动作条件,令 λ 在 $1\sim9$ 之间变化,δ 在 $90°\sim180°$ 之间变化,给出图6.2所 示 $f(\lambda,\delta)$ 的变化曲面。图6.2中,$f(\lambda,\delta)$ 曲线和零平面的相交曲线即为临界动作 边界曲线。函数 $f(\lambda,\delta)>0$ 时,位于图6.2的平面上方。由图6.2可知,随着幅值 比 λ 增加,临界动作边界曲线上对应的临界动作相角差 δ 也逐渐增大。由此可见, 幅值比越大,电流差动保护拒动的风险越低。最极端情况,当 $\lambda=1$ 时,对应的临界 动作相角差 $\delta\approx103°$。因此,当故障线路两侧电流相角差小于 $103°$ 时,无论幅值比 如何变化,理论上电流差动保护均能可靠动作。

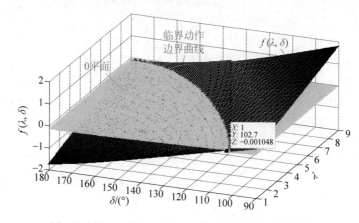

图 6.2 $f(\lambda,\delta)$ 随 λ 和 δ 的变化规律图(见文后彩图)

根据上文分析,可以得到传统电流差动保护临界动作的幅值和相角条件如下。
条件1(幅值条件):故障线路两侧电流幅值比 $\lambda>(1+K)/(1-K)$。
条件2(相角条件):故障线路两侧电流相角差 $\delta<103°$。

当任意一个条件满足时,电流差动保护能正确动作切除区内故障。当且仅当 两个条件均不满足时,电流差动保护才存在拒动风险。电流幅值比越大,相角差越 小,保护拒动风险就越小。

6.2.2 电流差动保护动作性能问题分析

若交流线路两侧均为同步电源,发生区内故障时,线路两侧故障电流相角差一 般为锐角,满足条件2(相角条件),差动保护能可靠动作。然而,线路一侧连接全功率电源时,由于全功率电源的故障电流相角受故障条件、控制参数、控制策略等因素的影响变化范围较大,导致线路两侧电流相角差在某些情况下为钝角,不满足相角条件,差动保护存在拒动风险。

1. 全功率电源交流侧线路发生接地故障

以单相接地故障为例,全功率电源在不同运行模式下的系统等效模型如图 6.3 所示。图 6.3 中,Z_{FSPS} 为全功率电源等效阻抗,Z_L 为线路阻抗,α 为全功率电源到故障点距离与线路长度之比。根据文献[67]的内容,故障后全功率电源电力电子变流器的响应速度很快。因此,在分析继电保护适应性时,可以考虑忽略该暂态过程。Z_{FSPS} 实部受全功率电源运行模式的影响,当全功率电源运行于整流/充电模式时,相当于消耗有功的负载,因而全功率电源等效阻抗 Z_{FSPS} 的实部大于零;而逆变/放电模式下,全功率电源向电网发出功率,全功率电源等效阻抗 Z_{FSPS} 的实部小于零。Z_{FSPS} 虚部受电压跌落深度、并网导则、网络参数的影响。电网电压因短路故障发生跌落后,全功率电源一般会根据电压跌落深度和并网导则要求向电网注入无功功率(也有一些国家和地区的并网导则不要求注入无功功率),当电网电压跌落较严重或并网导则中对注入无功功率需求较大时,全功率电源注入的无功功率大于变压器、线路等无源元件消耗的无功功率,此时全功率电源呈现电容特性,Z_{FSPS} 虚部小于零;当电网电压跌落较浅或并网导则中对注入无功功率需求不大时,全功率电源注入的无功功率小于变压器、线路等无源元件消耗的无功功率,此时全功率电源呈现电感特性,Z_{FSPS} 虚部大于零。综合考虑全功率电源不同运行模式及不同并网导则、网络参数等,全功率电源可能运行于 4 个象限,因而 Z_{FSPS} 可表示为

$$Z_{FSPS} = R_{FSPS} + jX_{FSPS} \begin{cases} R_{FSPS} > 0, X_{FSPS} > 0, & \text{整流,吸收无功功率} \\ R_{FSPS} > 0, X_{FSPS} < 0, & \text{整流,发出无功功率} \\ R_{FSPS} < 0, X_{FSPS} > 0, & \text{逆变,吸收无功功率} \\ R_{FSPS} < 0, X_{FSPS} < 0, & \text{逆变,发出无功功率} \end{cases} \tag{6.7}$$

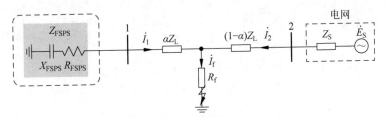

图 6.3　全功率电源在接地故障下的等效模型

由图 6.3 可知,线路 1-2 两侧电流存在如下关系

$$\frac{\dot{I}_1}{\dot{I}_2} = -\frac{R_f}{R_f + \alpha Z_L + Z_{FSPS}} \approx \frac{-R_f}{R_f + R_{FSPS} + j(\alpha X_L + X_{FSPS})} \tag{6.8}$$

当过渡电阻较大时,电压跌落较小,因而全功率电源以传输有功功率为主,其输出的无功功率较小。Z_{FSPS} 的实部 R_{FSPS} 一般明显大于虚部 X_{FSPS},即 $R_{FSPS} \gg X_{FSPS}$,以阻性为主。两侧电流夹角性质主要由 $R_f + R_{FSPS}$ 和 $-R_f$ 决定,当 $R_f + R_{FSPS}$ 与 $-R_f$ 同号时,两侧电流夹角为锐角,当 $R_f + R_{FSPS}$ 与 $-R_f$ 异号时,两侧电流夹角为钝角,$(\alpha X_L + X_{FSPS})$ 不会影响两侧电流的夹角性质,只影响锐角或钝角的大小。

根据上述分析及式(6.8),给出全功率电源不同运行模式下,各电流相量间的相位关系,如图6.4所示。如由图6.4(a)所示,整流模式下,R_{FSPS} 为正,$-R_f$ 与 $(R_f + R_{FSPS} + j(\alpha X_L + X_{FSPS}))$ 的夹角恒为钝角。根据式(6.8),电流 $\dot{I}_1$ 和 $\dot{I}_2$ 的夹角也为钝角。此时差动保护灵敏性下降,存在拒动风险。

如图6.4(b)所示,逆变模式下,当 $R_f < |R_{FSPS}|$ 时,$-R_f$ 与 $(R_f + R_{FSPS} + j(\alpha X_L + X_{FSPS}))$ 的夹角为锐角。根据式(6.8),电流 $\dot{I}_1$ 和 $\dot{I}_2$ 的相角差 δ 为锐角。此时差动保护能够可靠动作。如图6.4(c)所示,当 $R_f > |R_{FSPS}|$ 时,$-R_f$ 与 $(R_f + R_{FSPS} + j(\alpha X_L + X_{FSPS}))$ 的夹角为钝角。根据式(6.8),电流 $\dot{I}_1$ 和 $\dot{I}_2$ 的相角差 δ 为钝角。此时差动保护灵敏性下降,存在拒动风险。

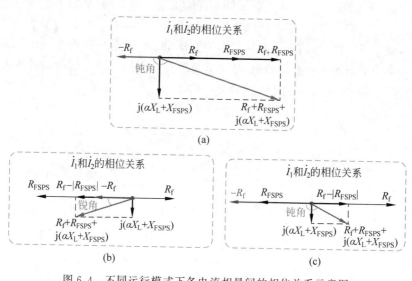

图6.4 不同运行模式下各电流相量间的相位关系示意图
(a)整流模式;(b)逆变模式,$R_f < |R_{FSPS}|$;(c)逆变模式,$R_f > |R_{FSPS}|$

根据上述分析的交流侧线路两侧电流的相位关系,可以发现:当过渡电阻较大,同时为整流模式,电网侧呈现出馈入特性(向故障点馈入电流),全功率电源侧呈现出汲出特性(从故障点汲出电流)。逆变模式下,全功率电源侧呈现出馈入特性,且全功率电源的故障电流幅值通常小于故障点电流的幅值,此时电网侧呈现出馈入特性。当全功率电源接入强系统、交流侧线路发生高阻接地故障,或全功率电源接入弱系统、交流侧线路发生小过渡电阻接地故障时,全功率电源的故障电流幅值可能大于故障点电流的幅值,此时电网侧呈现出汲出特性。

当电网侧和全功率电源侧均表现出馈入特性时,两侧电流相角差较小,电流差动保护拒动风险很低;而当全功率电源侧和电网侧一侧表现出馈入特性、一侧表现出汲出特性时,两侧电流相角差较大,为钝角,电流差动保护拒动风险较高。因此,逆变模式下电流差动保护也存在拒动的风险,但整流模式下电流差动保护拒动的风险明显高于逆变模式。

当过渡电阻较小时,由于两侧零序电流的相角差较小,零序电流会减小两侧故障电流的相角差,降低电流差动保护拒动的风险。

2. 全功率电源交流侧线路发生相间短路

以 BC 两相短路为例,全功率电源在不同运行模式下的系统等效模型如图 6.5所示。此时保护安装处检测的电流完全由全功率电源提供,不含零序分量,控制策略对其相角有极大影响。为保护电力电子器件,全功率电源故障期间通常使用抑制负序电流的控制策略,因此两相短路时,全功率电源输出电流不含负序分量,三相电流幅值相等,相位相差 $120°$。由 KVL 可得

$$(Z_{\text{FSPSb}} + \alpha Z_{\text{L}})\dot{I}_{1b} + (\dot{I}_{1b} + \dot{I}_{2b})R_{\text{f}} - (Z_{\text{FSPSc}} + \alpha Z_{\text{L}})\dot{I}_{1b}e^{-j120°} = 0 \quad (6.9)$$

$$(Z_{\text{FSPSb}} + \alpha Z_{\text{L}})\dot{I}_{1c}e^{j120°} - (\dot{I}_{1c} + \dot{I}_{2c})R_{\text{f}} - (Z_{\text{FSPSc}} + \alpha Z_{\text{L}})\dot{I}_{1c} = 0 \quad (6.10)$$

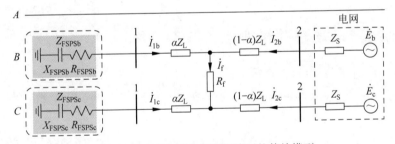

图 6.5 全功率电源在相间短路下的等效模型

为方便表示,本节中 $Z_{\text{FSPS}\eta}$、$R_{\text{FSPS}\eta}$、$X_{\text{FSPS}\eta}$ 中写作 Z_η、R_η、X_η,其中 $\eta = \text{a、b、c}$表示相别。由式(6.8)和图 6.5,线路 1-2 两侧 B 相电流存在如下关系:

$$\frac{\dot{I}_{1b}}{\dot{I}_{2b}} = \frac{-R_{\text{f}}}{Z_{\text{b}} + \alpha Z_{\text{L}} + R_{\text{f}} + e^{-j120°}(Z_{\text{c}} + \alpha Z_{\text{L}})}$$

$$\approx \frac{-R_{\text{f}}}{R_{\text{b}} + R_{\text{f}} + \dfrac{1}{2}R_{\text{c}} - \dfrac{\sqrt{3}}{2}X_{\text{c}} - \dfrac{\sqrt{3}}{2}\alpha X_{\text{L}} + j\left(X_{\text{b}} + \dfrac{\sqrt{3}}{2}R_{\text{c}} + \dfrac{1}{2}X_{\text{c}} + \dfrac{3}{2}\alpha X_{\text{L}}\right)}$$

$$(6.11)$$

同样地,由式(6.11)和图 6.5 可得线路 1-2 两侧 C 相电流存在如下关系

$$
\frac{\dot{I}_{1c}}{\dot{I}_{2c}} = \frac{-R_f}{(Z_b + \alpha Z_L)e^{j120°} + R_f + Z_c + \alpha Z_L}
$$

$$
\approx \frac{-R_f}{\frac{1}{2}R_b + \frac{\sqrt{3}}{2}X_b + R_f + R_c + \frac{\sqrt{3}}{2}\alpha X_L + j\left(\frac{1}{2}X_b - \frac{\sqrt{3}}{2}R_b + \frac{3}{2}\alpha X_L + X_c\right)}
$$

$$(6.12)$$

下文以 C 相(两相短路中故障相的滞后相)为例说明,B 相分析过程与 C 相相同,此处不再赘述。为方便分析,将式(6.12)中 $\frac{1}{2}R_b + \frac{\sqrt{3}}{2}X_b + R_f + R_c + \frac{\sqrt{3}}{2}\alpha X_L$ 记作 Z_{2c-r},$\frac{1}{2}X_b - \frac{\sqrt{3}}{2}R_b + \frac{3}{2}\alpha X_L + X_c$ 记作 Z_{2c-v}。两侧电流夹角性质由 Z_{2c-r} 和 $-R_f$ 决定。当 Z_{2c-r} 与 $-R_f$ 同号时,两侧电流夹角为锐角;当 Z_{2c-r} 与 $-R_f$ 异号时,两侧电流夹角为钝角。

根据上述分析及式(6.12),给出全功率电源不同运行模式下,各电流相量间的相位关系,如图 6.6 所示。如图 6.6(a)所示,整流模式下,R_b,R_c 都为正值,当 $R_f < \left|-\frac{1}{2}R_b - \frac{\sqrt{3}}{2}X_b - R_c - \frac{\sqrt{3}}{2}\alpha X_L\right|$ 时,$-R_f$ 与 Z_{2c-r} 的夹角为锐角。根据式(6.12),电流 $\dot{I}_{1c}$ 和 $\dot{I}_{2c}$ 的夹角也为锐角;如图 6.6(b)所示,当 $R_f > \left|-\frac{1}{2}R_b - \frac{\sqrt{3}}{2}X_b - R_c - \frac{\sqrt{3}}{2}\alpha X_L\right|$ 时,$-R_f$ 与 Z_{2c-r} 的夹角为钝角。根据式(6.12),电流 $\dot{I}_{1c}$ 和 $\dot{I}_{2c}$ 的夹角也为钝角。

如图 6.6(c)所示,逆变模式下,R_b,R_c 都为负值,当 $R_f < \left|-\frac{1}{2}R_b - \frac{\sqrt{3}}{2}X_b - R_c - \frac{\sqrt{3}}{2}\alpha X_L\right|$ 时,$-R_f$ 与 Z_{2c-r} 的夹角为锐角。根据式(6.12),电流 $\dot{I}_{1c}$ 和 $\dot{I}_{2c}$ 的夹角也为锐角。如图 6.6(d)所示,当 $R_f > \left|-\frac{1}{2}R_b - \frac{\sqrt{3}}{2}X_b - R_c - \frac{\sqrt{3}}{2}\alpha X_L\right|$ 时,$-R_f$ 与 Z_{2c-r} 的夹角为钝角。根据式(6.12),电流 $\dot{I}_{1c}$ 和 $\dot{I}_{2c}$ 的夹角也为钝角。

根据上述分析的交流侧线路两侧电流的相位关系,可以发现:当全功率电源工作在整流模式下,R_b、R_c 为正值;工作在逆变模式下,R_b、R_c 为负值,X_b 的值受电网跌落深度、并网导则等条件影响。显然,当 R_b、R_c 为负值时,更易满足 $\dot{I}_{1c}$ 和 $\dot{I}_{2c}$ 相位关系为锐角的条件。因此,逆变模式下电流差动保护存在拒动的风险,整流模式下电流差动保护拒动的风险明显高于逆变模式。

由于在不同故障类型、不同过渡电阻下各相阻抗均不相等,上述分析仅适用于

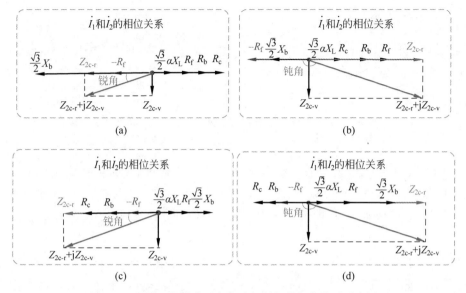

图 6.6　不同运行模式下各电流相量间的相位关系示意图

（a）整流模式，$R_f < \left| -\dfrac{1}{2}R_b - \dfrac{\sqrt{3}}{2}X_b - R_c - \dfrac{\sqrt{3}}{2}\alpha X_L \right|$；

（b）整流模式，$R_f > \left| -\dfrac{1}{2}R_b - \dfrac{\sqrt{3}}{2}X_b - R_c - \dfrac{\sqrt{3}}{2}\alpha X_L \right|$；

（c）逆变模式，$R_f < \left| -\dfrac{1}{2}R_b - \dfrac{\sqrt{3}}{2}X_b - R_c - \dfrac{\sqrt{3}}{2}\alpha X_L \right|$；

（d）逆变模式，$R_f > \left| -\dfrac{1}{2}R_b - \dfrac{\sqrt{3}}{2}X_b - R_c - \dfrac{\sqrt{3}}{2}\alpha X_L \right|$

两相短路中两故障相的滞后相,其他故障条件下故障相的分析与上文思路相同,此处不再赘述。

6.2.3　理论分析验证

为了验证 6.2.2 节理论的正确性,假设全功率电源送出线路发生 A 相接地故障。为了对比不同运行模式下电流差动保护的性能,改变全功率电源运行模式、过渡电阻。根据仿真结果,交流侧线路两侧电流及短路点故障电流相量关系如图 6.7 所示。

整流模式下,全功率电源侧电流与电网侧电流相角差为钝角(约 164.7°),电网侧电流与故障电流的相角差为锐角(约 3.9°)。因此,电网向故障点馈入电流(馈入特性),而全功率电源从故障点汲出电流(汲出特性),与理论分析一致。全功率电源的汲出特性导致故障点电流幅值小于电网侧电流幅值,即满足如下关系: $|\dot{I}_2| > |\dot{I}_f| > |\dot{I}_1|$。此时,差动保护与制动电流之比小于制动系数 0.8,导致该区内故障被误判为区外故障,保护拒动。

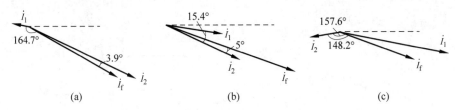

图 6.7　接地故障下线路两侧电流与短路点故障电流关系
(a) 整流模式；(b) 逆变模式，$R_f < |R_{FSPS}|$；(c) 逆变模式，$R_f > |R_{FSPS}|$

逆变模式下，发生单相金属性接地，全功率电源侧电流与电网侧电流相角差为锐角（约 15.4°），电网侧电流与故障电流的相角差也为锐角（约 5°）。电网和全功率电源均表现出馈入特性，即都向故障点馈入电流，此时经验证有 $R_f < R_{FSPS}$，与理论分析一致。由于线路两侧都向短路点馈入电流，因此短路点故障电流幅值最大，即满足如下关系：$|\dot{I}_f| > |\dot{I}_2| > |\dot{I}_1|$。由于电网和全功率电源都呈现馈入特性，两侧电流相角差很小，使得差动电流明显大于制动电流，差动电流与制动电流之比明显大于制动系数 0.8，保护可靠动作。

逆变模式下，发生单相高阻接地，全功率电源侧电流与电网侧电流相角差为钝角（约 157.6°），电网侧电流与故障电流的相角差为钝角（约 148.2°）。此时全功率电源表现出馈入特性，即向故障点馈入电流，电网侧表现出汲出特性，即从故障点汲出电流，此时经验证有 $R_f > R_{FSPS}$。电网和全功率电源两侧电流相角差进一步增大，差动保护灵敏度下降，拒动风险增加。

假设全功率电源送出线路发生 BC 两相短路。为了对比不同运行模式下电流差动保护的性能，改变全功率电源运行模式、过渡电阻。根据仿真结果，交流侧线路两侧电流及短路点故障电流相量关系如图 6.8 所示。

整流模式下，发生两相经小过渡电阻短路，当全功率电源侧电流与电网侧电流相角差为锐角（约 82.2°），差动保护能可靠动作，此时经验证有 $R_f <$ $\left| -\dfrac{1}{2}R_b - \dfrac{\sqrt{3}}{2}X_b - R_c - \dfrac{\sqrt{3}}{2}\alpha X_L \right|$，与理论分析一致。增大过渡电阻，全功率电源侧电流与电网侧电流相角差为钝角（约 160.2°），差动保护与制动电流之比小于制动系数 0.8，导致该区内故障被误判为区外故障，保护拒动，此时经验证有 $R_f >$ $\left| -\dfrac{1}{2}R_b - \dfrac{\sqrt{3}}{2}X_b - R_c - \dfrac{\sqrt{3}}{2}\alpha X_L \right|$，与理论分析一致。

逆变模式下，发生两相经过渡电阻短路，全功率电源侧电流与电网侧电流相角差为锐角（约 88°），差动保护能可靠动作，此时经验证有 $R_f <$ $\left| -\dfrac{1}{2}R_b - \dfrac{\sqrt{3}}{2}X_b - R_c - \dfrac{\sqrt{3}}{2}\alpha X_L \right|$，与理论分析一致。增大过渡电阻，全功率电源侧电流与电网侧电流相角差为钝角（约 109.4°），差动保护灵敏度下降，拒动风险增

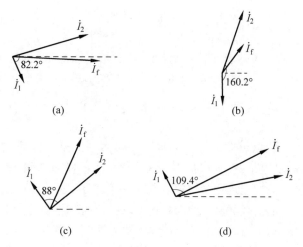

图 6.8 相间故障下线路两侧电流与短路点故障电流关系

（a）整流模式，$R_\mathrm{f} < \left| -\dfrac{1}{2} R_\mathrm{b} - \dfrac{\sqrt{3}}{2} X_\mathrm{b} - R_\mathrm{c} - \dfrac{\sqrt{3}}{2} \alpha X_\mathrm{L} \right|$；

（b）整流模式，$R_\mathrm{f} > \left| -\dfrac{1}{2} R_\mathrm{b} - \dfrac{\sqrt{3}}{2} X_\mathrm{b} - R_\mathrm{c} - \dfrac{\sqrt{3}}{2} \alpha X_\mathrm{L} \right|$；

（c）逆变模式，$R_\mathrm{f} < \left| -\dfrac{1}{2} R_\mathrm{b} - \dfrac{\sqrt{3}}{2} X_\mathrm{b} - R_\mathrm{c} - \dfrac{\sqrt{3}}{2} \alpha X_\mathrm{L} \right|$；

（d）逆变模式，$R_\mathrm{f} > \left| -\dfrac{1}{2} R_\mathrm{b} - \dfrac{\sqrt{3}}{2} X_\mathrm{b} - R_\mathrm{c} - \dfrac{\sqrt{3}}{2} \alpha X_\mathrm{L} \right|$

加，此时经验证有 $R_\mathrm{f} > \left| -\dfrac{1}{2} R_\mathrm{b} - \dfrac{\sqrt{3}}{2} X_\mathrm{b} - R_\mathrm{c} - \dfrac{\sqrt{3}}{2} \alpha X_\mathrm{L} \right|$，与理论分析一致。

6.3　高灵敏度电流差动保护[98]

6.3.1　基本原理

鉴于传统电流差动保护在全功率电源接入后存在的灵敏度较低甚至拒动的问题，本节提出一种高灵敏度电流差动保护原理。由于全功率电源的接入主要影响传统电流差动保护在区内故障时的性能，而不影响区外故障时的性能。因此，本节所提保护方法旨在提升传统电流差动保护在区内故障时的性能，克服差动保护低灵敏度和拒动的问题，而不影响区外故障时的性能。

传统电流差动保护判据式（6.1）可改写为如下形式

$$| \dot I_\mathrm{max} + \dot I_\mathrm{min} | > K | \dot I_\mathrm{max} - \dot I_\mathrm{min} | \tag{6.13}$$

式中

$$\dot I_\mathrm{max} = \max \{ \dot I_1 , \dot I_2 \} \tag{6.14}$$

$$\dot{I}_{\min} = \min\{\dot{I}_1, \dot{I}_2\} \tag{6.15}$$

式(6.13)中,max、min 分别表示取两个相量中幅值最大和最小的相量。

如前文所述,传统电流差动保护在全功率电源接入后存在灵敏度低甚至拒动的问题。为此,对式(6.13)进行改进,提出一种高灵敏度电流差动保护,保护判据如下

$$\underbrace{|\,g_1(y)\dot{I}_{\max} + \dot{I}_{\min}\,|}_{\text{差动电流}} > K \underbrace{|\,g_2(y)\dot{I}_{\max} - \dot{I}_{\min}\,|}_{\text{制动电流}} \tag{6.16}$$

式(6.16)与传统电流差动保护判据式(6.13)形式是一样的,因此物理概念也是一致的,不等式左边是差动电流,不等式右边为 K 倍的制动电流。

传统电流差动保护在区内故障时存在灵敏度不足甚至拒动问题的根源在于差动电流较小而制动电流较大。因此,本节所提保护的基本思想是通过区内故障时的故障特征增大差动电流且减小制动电流,从而达到提高保护灵敏度的目的。为此,在式(6.16)的差动电流中引入 $g_1(y)$,在式(6.16)的制动电流中引入 $g_2(y)$。为了达到增大差动电流且减小制动电流的目的,$g_1(y)$ 应大于1,而 $g_2(y)$ 应小于1,即 $g_1(y) > 1$,$g_2(y) < 1$。为此,构建了如下两个函数

$$g_1(y) = 1 + \mathrm{th}y = \frac{2\mathrm{e}^y}{\mathrm{e}^y + \mathrm{e}^{-y}} \tag{6.17}$$

$$g_2(y) = 1 - \mathrm{th}y = \frac{2\mathrm{e}^{-y}}{\mathrm{e}^y + \mathrm{e}^{-y}} \tag{6.18}$$

式(6.17)和式(6.18)中,thy 为双曲正切函数。

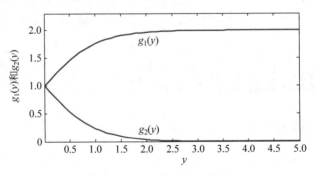

图 6.9　$g_1(y)$ 和 $g_2(y)$ 曲线

根据式(6.17)和式(6.18)中 $g_1(y)$ 和 $g_2(y)$ 的表达式及图 6.9 可知,$g_1(y)$ 是单调递增函数,而 $g_2(y)$ 是单调递减函数。当发生区内故障时,为了提高灵敏度,希望差动电流增大,而制动电流减小。因此,发生区内故障时,y 应大于0;此时 $g_1(y) > 1$,$g_2(y) < 1$。区外故障发生时,尽量不影响保护的安全性;因此,期望 $y = 0$,此时 $g_1(y) = g_2(y) = 1$。所以,在设计 y 的表达式时,应遵循以下基本原则:①区外故障时,$y = 0$;②区内故障时,$y > 0$;③应同时考虑且充分利用区内外故障时两侧电流幅值和相角差的差异,避免采用单一幅值比或相角差。考虑到区

外故障时,相角差 δ 约为 $180°$,$|\dot{I}_{\max}| \approx |\dot{I}_{\min}|$。$y$ 可设计为

$$y = y\left(\frac{|\dot{I}_{\max}|}{|\dot{I}_{\min}|}, \delta\right) = \frac{|\dot{I}_{\max}| - |\dot{I}_{\min}|}{|\dot{I}_{\min}|} + \sin\delta \qquad (6.19)$$

由于区外故障时相角差 δ 约为 $180°$,$|\dot{I}_{\max}| \approx |\dot{I}_{\min}|$。根据式(6.19),$y=0$;因而 $g_1(y) \approx g_2(y) \approx 1$,使得式(6.19)所示保护判据与传统电流差动保护判据式(6.13)一致。因此,改进后的新判据未降低区外故障时保护的安全性,与传统电流差动保护在区外故障时的性能一样,符合前文所提的设计原则。区内故障时,$|\dot{I}_{\max}|$ 一般明显大于 $|\dot{I}_{\min}|$,并且 $\sin\delta > 0$,一般 $y > 1$,可以显著增大差动电流,减小制动电流,提升保护灵敏度。

两种电流差动保护的灵敏度系数分别如下

$$K_{\text{sen}} = \frac{|\dot{I}_1 + \dot{I}_2|}{K|\dot{I}_1 - \dot{I}_2|} = \frac{|\dot{I}_{\max} + \dot{I}_{\min}|}{K|\dot{I}_{\max} - \dot{I}_{\min}|} \qquad (6.20)$$

$$K_{\text{sen}} = \frac{|g_1(y)\dot{I}_{\max} + \dot{I}_{\min}|}{K|g_2(y)\dot{I}_{\max} - \dot{I}_{\min}|} \qquad (6.21)$$

下面结合相量图,分析本节所提保护如何提升保护的灵敏度。根据前文分析,发生区内故障时,$g_1(y) > 1$,$g_2(y) < 1$。由于 $g_1(y) > 1$,$|g_1(y)\dot{I}_{\max}| > |\dot{I}_{\max}|$。由图 6.10 可知,随着最大幅值相量的增大,差动电流增大,即 $|g_1(y)\dot{I}_{\max} + \dot{I}_{\min}| > |\dot{I}_{\max} + \dot{I}_{\min}|$。由于 $g_2(y) < 1$,$|g_2(y)\dot{I}_{\max}| < |\dot{I}_{\max}|$。由图 6.10,随着最大幅值相量的减小,差动电流增大,即 $|g_2(y)\dot{I}_{\max} - \dot{I}_{\min}| < |\dot{I}_{\max} - \dot{I}_{\min}|$。由图 6.10 所示原理图可知,$g_1(y)$ 越大,差动电流越大;$g_2(y)$ 越小,制动电流越小,相应地,灵敏度越高。

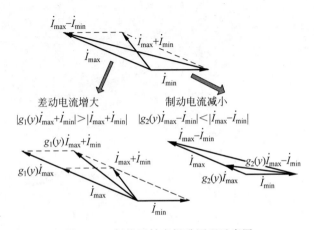

图 6.10 保护灵敏度提升原理示意图

为了说明所提差动保护在区内故障时性能的优越性,在如下 2 种工况下对比两种电流差动保护的性能。工况 1:距换流站 10km 处发生 A 相接地故障,过渡电阻为 10Ω,换流站运行于逆变模式。工况 2:距换流站 90km 处发生 CA 两相接地故障,过渡电阻为 100Ω,换流站运行于整流模式。

如图 6.11(a)所示,在工况 1 下,传统电流差动保护和本节所提差动保护的灵敏度均明显大于 1,灵敏度较高,两种保护都能可靠识别区内故障。尽管如此,相比于传统电流差动保护,本节所提差动保护仍进一步提高了对区内故障识别的灵敏度,灵敏度由 3.5 提升至 7.4。如图 6.11(b)所示,在工况 2 下,电流 $\dot{I}_1$ 和 $\dot{I}_2$ 的相角差为钝角,$|\dot{I}_1+\dot{I}_2|<K|\dot{I}_1-\dot{I}_2|$,此时,传统电流差动保护拒动,影响电力

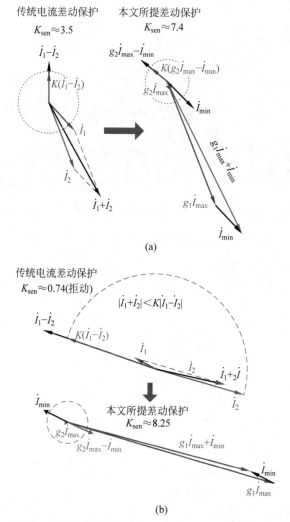

图 6.11　不同工况下传统电流差动保护与本节所提差动保护的性能对比

(a) 工况 1;(b) 工况 2

系统运行的安全性。当采用本节所提差动保护时，$|g_1 \dot{I}_{\max} + \dot{I}_{\min}| \gg K|g_2 \dot{I}_{\max} - \dot{I}_{\min}|$，保护能够可靠动作且灵敏度高。

交流侧线路发生故障后，电网侧电流幅值一般明显高于换流站侧电流幅值，因此线路两侧电流幅值比一般较大。即使考虑较为不利的情况，幅值比 λ 一般也至少大于 2。图 6.12 给出了 λ 和 δ 分别在 $[2,8]$ 和 $[0°,180°]$ 区间内取值时，两种保护方法的灵敏度。由图 6.12 可知，本节所提差动保护的灵敏度始终且显著高于传统电流差动保护的灵敏度，进一步验证了所提保护方案性能的优越性。

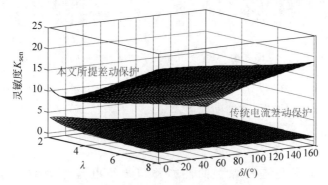

图 6.12　两种保护方法的灵敏度对比（见文后彩图）

6.3.2　CT 饱和的影响及解决措施

相比于线路的电容效应及数据同步误差问题，CT 饱和才是差动保护安全性最大的威胁。无论是传统的电流差动保护还是本节提出的高灵敏度电流差动保护，在 CT 出现严重饱和时，均会出现保护误动的情况。虽然通过提高制动系数可以在一定程度上提升 CT 饱和的耐受能力，但该方法是以降低保护灵敏度为代价的。

图 6.13 给出了区外故障且电网侧 CT 饱和情况下的电流波形图。CT 处于线性区时，差动电流绝对值 $|i_1 + i_2|$ 很小。CT 处于饱和区时，由于电网电流的严重畸变，导致差动电流迅速增大。根据 $|i_1 + i_2|$ 在饱和区和线性区的时域特征区别，可以构建一个辅助判据来避免 CT 饱和导致的保护误动。线性区时，$|i_1 + i_2|$ 等于电容电流的绝对值，即使是长线路，线路的电容电流一般也不大于 0.2pu。考虑一定的裕度，CT 处于线性区时，$|i_1 + i_2|$ 的多数采样点应小于 0.3pu。当发生区内故障时，即使过渡电阻很大，差动电流也远大于 0.3pu。因此，$|i_1 + i_2|$ 的多数采样点应大于 0.3pu。根据文献[96]的内容，即使发生 CT 严重饱和，线性区也至少有 1/4 工频周期，即 5ms。根据前文分析，构建一个饱和系数（saturation coefficient，SC），其定义为故障后 3ms 时间内 $|i_1 + i_2|$ 小于 0.3pu 的采样点数与总采样点数之比。由于区外故障 CT 线性区多数 $|i_1 + i_2|$ 采样值小于 0.3pu，饱和系数应大于 50%；而区内故障时，多数 $|i_1 + i_2|$ 采样值大于 0.3pu，饱和系数应小于 50%，因此，构建如下辅助判据

$$SC \leqslant 0.5 \qquad\qquad (6.22)$$

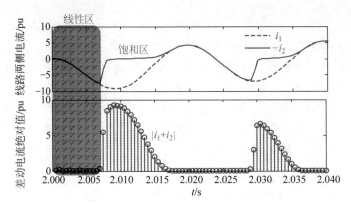

图 6.13　CT 饱和情况下的电流波形图

当主判据式(6.16)满足时,再判定辅助判据是否满足。若辅助判据式(6.22)满足,则判定为区内故障;若辅助判据式(6.22)不满足,则判定为区外故障。

6.3.3　性能评估

为评估本节所提差动保护的性能并与传统电流差动保护进行对比,在PSCAD/EMTDC 平台中搭建了图 6.14 所示的含 MMC-HVDC 系统的改进 IEEE

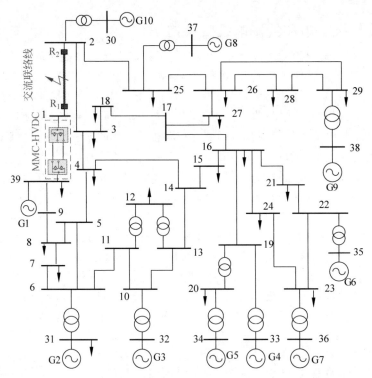

图 6.14　含 MMC-HVDC 系统的改进 IEEE 39 节点标准测试模型

39节点标准测试模型。该仿真模型包括了主回路和控制系统,并且控制策略能穿越不对称故障。因此,下面的仿真结果包含了故障后MMC控制系统的动态调节过程。本节中,所有故障的发生时刻均设置为$t=2$s,仿真参数如表6.1所示。

表6.1　仿真参数

参　　数	数　　值	参　　数	数　　值
MMC容量	200MW	直流侧电压	220kV
交流电网频率	50Hz	线路长度	100km
交流电网电压等级	230kV	线路正序阻抗	$(0.076+j0.338)\Omega$/km
变比	110kV/230kV	线路零序阻抗	$(0.284+j0.845)\Omega$/km
变压器漏抗	0.1pu	正序电容	0.0086μF/km
桥臂电感	38.5mH	零序电容	0.0061μF/km
桥臂等效电容	55μF		

其他线路参数可参考文献[99]、文献[100]。

1. 不同过渡电阻下的仿真结果

换流站运行于整流模式时,距换流站50km处经不同过渡电阻(10Ω、30Ω、60Ω和100Ω)发生A相接地故障,对比传统电流差动保护和本节所提保护方法对过渡电阻的耐受能力。

如图6.15所示,随着过渡电阻的逐渐增大,传统电流差动保护的差动电流与制动电流之比逐渐减小。这主要是零序电流随着过渡电阻的增大而减小,零序电流的作用减弱,导致联络线两侧电流相角差增大,恶化电流差动保护的性能。当过渡电阻大于或等于60Ω时,传统电流差动保护拒动。相比之下,虽然过渡电阻在很大的范围内变化,本节所提差动保护始终具有很高的灵敏度,保护能可靠动作而切除故障。本节所提差动保护对过渡电阻具有极强的耐受能力,其表现显著优于传统电流差动保护,能适应MMC-HVDC换流站的接入。

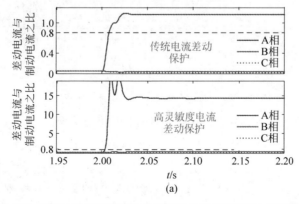

图6.15　不同过渡电阻下两种保护方法的性能对比(见文后彩图)
(a)过渡电阻为10Ω;(b)过渡电阻为30Ω;(c)过渡电阻为60Ω;(d)过渡电阻为100Ω

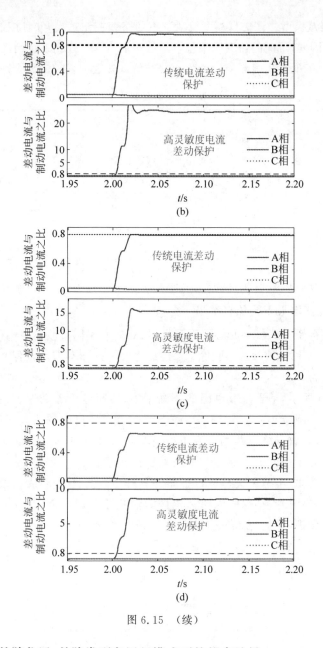

图 6.15 （续）

2. 不同故障位置、故障类型和运行模式下的仿真结果

为了测试不同故障位置下所提保护的性能,设置 4 个不同的故障位置,K_1 位于母线 1,K_2、K_3 和 K_4 分别距换流站 10km、40km 和 90km。发生在 K_1 处的故障为区外故障,发生在 K_2、K_3 和 K_4 处的故障为区内故障。设置故障类型为 AG、BC 和 ABC,包含了接地故障与非接地故障,过渡电阻为 50Ω。不同故障位置、故障类型和运行模式下灵敏度系数 K_{sen} 的测试数据如表 6.2 所示。

表 6.2 不同故障位置、故障类型和运行模式下的灵敏度系数和响应时间

故障位置	故障类型	整流模式				逆变模式			
		A 相	B 相	C 相	响应时间/ms	A 相	B 相	C 相	响应时间/ms
K₁(区外)	AG	0.020	0.080	0.050		0.040	0.090	0.190	
	BC	0.080	0.020	0.020		0.100	0.040	0.030	
	ABC	0.017	0.017	0.017		0.025	0.025	0.025	
K₂(区内)	AG	22.150	0.080	0.050	4.300	8.370	0.090	0.210	3.100
	BC	0.090	8.690	8.110	2.800	0.098	8.400	7.690	2.900
	ABC	9.580	9.600	9.600	4.700	9.480	9.500	9.500	5.400
K₃(区内)	AG	23.900	0.090	0.060	4.000	7.930	0.110	0.260	3.100
	BC	0.090	9.640	9.220	2.300	0.100	9.080	8.840	2.100
	ABC	10.740	10.750	10.780	4.100	9.960	9.980	9.950	3.000
K₄(区内)	AG	18.400	0.090	0.080	3.200	9.660	0.120	0.150	2.700
	BC	0.090	12.100	11.900	1.500	0.100	11.000	11.000	1.200
	ABC	13.200	13.200	13.200	3.100	12.400	12.400	12.300	2.600

如表 6.2 所示，发生区外故障(K_1)时，三相的灵敏度系数均小于 1，因此，所提保护判据可以正常识别区外故障。不同故障位置发生不同故障类型的区内故障时，同时考虑了整流和逆变两种运行模式，所有故障相的灵敏度系数均显著大于1，而非故障相的灵敏度系数小于 1。因此，本节所提保护判据能正确识别区内故障及故障相，并且具有很高的灵敏度。此外，表 6.2 中所有区内故障的响应时间均小于 10ms，该保护判据可以在很短的时间内动作，速动性好，能满足高压输电线路主保护对速动性的要求。

图 6.16 给出了表 6.2 中 4 个标灰案例对应的仿真结果。如图 6.16 所示，发生区外故障时，三相的灵敏度系数在整个暂态过程中都小于 1。发生区内故障时，所有故障相的灵敏度系数均在很短的时间内超过 1，满足保护判据，而非故障相的灵敏度系数始终小于 1。

综上所述，本节所提保护能可靠、正确地区分区内外故障且精确识别故障相，速动性好，灵敏度高。

3. 不同线路长度的影响

假设母线 1 处经 30Ω 过渡电阻发生 A 相接地故障，该故障为区外故障。在不同线路长度下测试对地电容效应对保护性能的影响，如图 6.17 所示。如图 6.17(a) 所示，随着线路长度的增加，电容电流也随着增大。但是，即使线路长度达到 250km，电容电流也明显小于 0.2pu。如图 6.17(b) 所示，尽管线路长度在 50～250km 范围内变化，差动电流与制动电流之比始终小于阈值 0.8，保护不会误动。由此可见，即使不采用电抗器补偿电容电流，保护也不会误动，安全性好。

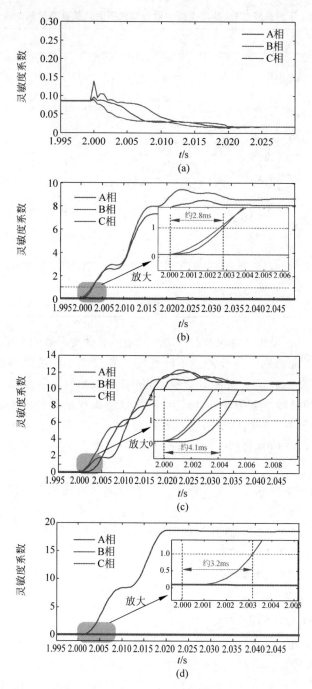

图 6.16　表 6.2 中 4 个标黄案例的仿真结果(见文后彩图)
(a) 整流,K_1,ABC;(b) 逆变,K_3;(c) 整流,K_3,ABC;(d) 整流,K_4,AG

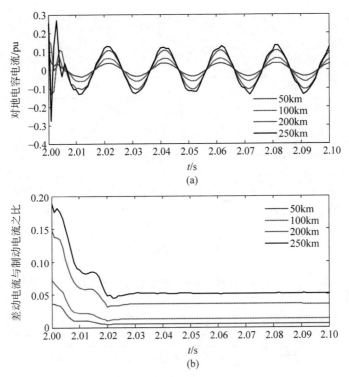

图 6.17　不同线路长度下的仿真结果（见文后彩图）

（a）对地电容电流；（b）差动电流与制动电流之比

4. CT 饱和时的仿真结果

假设在母线 1 处 2s 时刻发生金属线 A 相接地故障（区外故障），电网侧 CT 饱和。如图 6.18 所示，由于电网侧 CT 饱和导致电网侧电流严重畸变。线路两侧电流不再满足幅值基本相等，相位互差 180°的条件，导致本节所提保护的差动电流与制动电流之比大于阈值 0.8，主判据在区外故障时误动。由于饱和系数大于 0.5，因此辅助判据（6.22）不满足，最终将该故障判定为区外故障。辅助判据的加入，避免了由于 CT 饱和导致的保护误动问题，提高了保护的安全性。

5. 不同运行点的仿真结果

线路 1-2 中点设置 A 相接地故障，过渡电阻为 100Ω，换流站运行于逆变模式。为了测试不同运行点（不同负荷水平）下所提保护的性能，有功功率分别被设置为 0.2pu、0.4pu、0.6pu、0.8pu 和 1.1pu。图 6.19 给出了不同于运行点下故障相的灵敏度系数。由图 6.19 可以看出，5 个运行点对应的灵敏度系数都很高，明显大于 1，并且保护灵敏度与负荷水平之间没有明确的关系。因此，所提保护可以在不同负荷水平下灵敏地识别区内故障，明显高于电力行业标准《220～750kV 电网继电保护装置运行整定规程》（DL/T 559—2018）对电流差动保护灵敏度的要求。

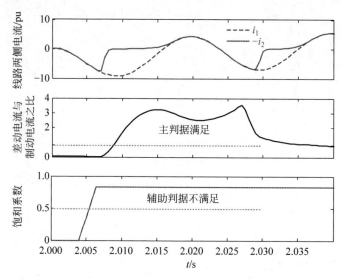

图 6.18　区外故障且 CT 饱和时的仿真结果

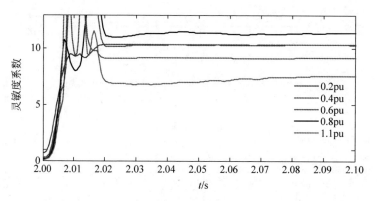

图 6.19　不同运行点下的仿真结果(见文后彩图)

6.4　基于电流轨迹系数的时域差动保护方案

6.4.1　电流轨迹描述

为了说明所提出的保护原理,将 i_b、i_f 和 i_g 3 个电流的 N 个采样值组成 3 个数组,如下所示

$$\boldsymbol{i}_b = [i_b(1)\cdots i_b(k)\cdots i_b(N)] \tag{6.23}$$

$$\boldsymbol{i}_f = [i_f(1)\cdots i_f(k)\cdots i_f(N)] \tag{6.24}$$

$$\boldsymbol{i}_g = [i_g(1)\cdots i_g(k)\cdots i_g(N)] \tag{6.25}$$

由图 6.20(b)可知，i_f 近似等于 i_b 和 i_g 的和，即

$$i_f(k) \approx i_b(k) + i_g(k) \tag{6.26}$$

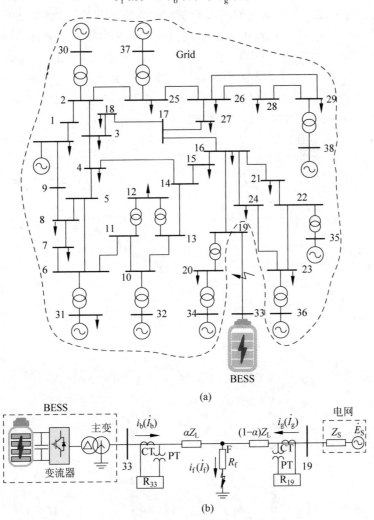

图 6.20　含 BESS 的改进 IEEE 39 节点新英格兰系统
(a) 详细模型；(b) 简化模型

基于式(6.23)～式(6.25)表示的 3 个数组，可以形成两个点集

$$\boldsymbol{A} = [(i_f(1), i_g(1)) \cdots (i_f(k), i_g(k)) \cdots (i_f(N), i_g(N))] \tag{6.27}$$

$$\boldsymbol{B} = [(i_f(1), i_b(1)) \cdots (i_f(k), i_b(k)) \cdots (i_f(N), i_b(N))] \tag{6.28}$$

当点集 $\boldsymbol{A}$ 和 $\boldsymbol{B}$ 映射到二维空间时，可以得到两个电流轨迹：(i_f, i_g) 电流轨迹和 (i_f, i_b) 电流轨迹。

图 6.21 和图 6.22 分别为点集 $\boldsymbol{A}$、点集 $\boldsymbol{B}$ 在区内外故障情况下的轨迹。从图 6.21 可以看出，在区内故障的情况下，无论 BESS 处于放电或是充电模式，$\boldsymbol{A}$ 的

点总是分布在第一象限和第三象限。当 BESS 处于放电模式时，B 的点在第一象限和第三象限；当 BESS 处于充电模式时，B 的点分布在第二象限和第四象限。BESS 的运行模式对 B 的轨迹有很大的影响。当发生区外故障时，数组 i_f 中的所有元素都非常接近零。因此，A 和 B 的所有点都明显地接近 y 轴，如图 6.22(a) 所示。该分析对长距离输电线路同样适用。300km 输电线路点集 A 和 B 的轨迹如图 6.22(b) 所示，即使是较长的输电线路，点集 A 和 B 的轨迹仍明显接近 y 轴。

比较图 6.21 和图 6.22 中的电流轨迹，二者完全不同。因此，可以利用点集 A 和 B 的轨迹来准确区分区内和区外故障。

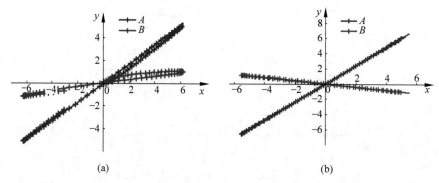

图 6.21　点集 A 和点集 B 在区内故障下的轨迹（见文后彩图）

（a）放电模式；（b）充电模式

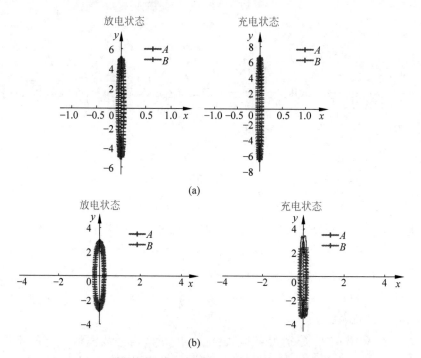

图 6.22　点集 A 和点集 B 在区外故障下的轨迹（见文后彩图）

（a）线路长度为 60km；（b）线路长度为 300km

由于电力电子装置过流能力差，$\dot{I}_b$ 远小于 $\dot{I}_f$，因此，$\dot{I}_g \approx \dot{I}_f$。A 的轨迹在 $y = x$ 附近，如图 6.21 所示。在 BESS 放电模式，$\dot{I}_b$ 远小于 $\dot{I}_f$，它们的相位角差为锐角，因此 $i_b(k)/i_f(k)$ 值很小且为正。所以，B 的轨迹应该在第一象限和第三象限，并趋向于 x 轴。在 BESS 充电模式下，由于 $\dot{I}_b$ 比 $\dot{I}_f$ 小得多，且它们在充电模式相角差为钝角，因此 $i_b(k)/i_f(k)$ 非常小且为负。所以，B 的轨迹应该在第二象限和第四象限，并趋向于 x 轴。本小节的理论分析与图 6.21 所示的电流轨迹高度一致。

6.4.2 基于电流轨迹系数的时域差动保护基本原理

根据理论分析，通过合理设计动作区和制动区，保证在发生区内故障时，点集 A 和点集 B 的大部分点进入动作区。如 6.4.1 节所述，在充电模式和放电模式下，A 的轨迹在 $y = x$ 附近，因此，动作区设计如图 6.23(a) 所示。点集 A 的动作区可表示为

$$(\tan(45° - \alpha) \leqslant y/x \leqslant \tan(45° + \alpha)) \bigcap (\sqrt{x^2 + y^2} \geqslant \chi) \qquad (6.29)$$

区内故障时，由于 A 的轨迹在 $y = x$ 附近，为了保证大多数点在动作区内，取 α 为 30°。

如图 6.21 所示，当发生区内故障时，大多数点都远离原点。为了保证大多数的点满足式(6.29)右边的条件，χ 应该选为一个小的值，如 0.2pu。

在区内故障情况下，动作区应覆盖 B 点集的大部分点。根据 6.4.1 节的理论分析，点集 B 的轨迹可以在 4 个象限内，并且趋向于 x 轴，因此，设计点集 B 的动作区如图 6.23(b) 所示。点集 B 的动作区可表示为

$$(\mid x \mid \tan\beta \leqslant \mid y \mid \leqslant \mid x \mid \tan\gamma) \bigcap (\sqrt{x^2 + y^2} \geqslant \chi) \qquad (6.30)$$

式中：$0° < \beta < \gamma < 90°$。

如 6.4.1 节所述，B 的轨迹在大多数情况下靠近 x 轴。因此，为了保证动作区能够覆盖 B 的大部分点，选择 β 为一个很小的值，即 1°。$\dot{I}_f$ 的幅值通常大于 $\dot{I}_b$ 的幅值。因此，对于 B 中的点，$\mid y \mid \leqslant \mid x \mid$。当 $\gamma = 45°$ 时，B 中的点可进入区内故障时的动作区。

在二维坐标系下，除动作区外，其他区域称为制动区。

根据点集 A 在二维坐标系中的位置，可以计算出二进制量 $\kappa_A(k)$ 为

$$\kappa_A(k) = \begin{cases} 1, & (i_f(k), i_g(k)) \in 动作区 \\ 0, & (i_f(k), i_g(k)) \in 制动区 \end{cases} \qquad (6.31)$$

数组 K_A 由 N 个二进制数 $\kappa_A(k)$ 组成，如下所示

$$K_A = [\kappa_A(1) \cdots \kappa_A(k) \cdots \kappa_A(N)] \qquad (6.32)$$

同样地，另一个点集 B 的二进制量 $\kappa_B(k)$ 可以计算如下

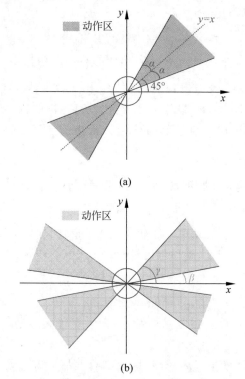

图 6.23　动作区和制动区示意图

(a) 点集 A 的动作区和制动区；(b) 点集 B 的动作区和制动区

$$\kappa_B(k) = \begin{cases} 1, & (i_f(k), i_b(k)) \in \text{动作区} \\ 0, & (i_f(k), i_b(k)) \in \text{制动区} \end{cases} \tag{6.33}$$

数组 K_B 由 N 个二进制数 $\kappa_B(k)$ 组成，如下所示

$$K_B = [\kappa_B(1) \cdots \kappa_B(k) \cdots \kappa_B(N)] \tag{6.34}$$

显然数组 K_A 和 K_B 分别包含了点集 A 和 B 的轨迹分布信息，其中 K_A 和 K_B 可以用来识别区内故障。电流轨迹系数（current trajectory coefficient, CTC）定义如下：

$$CTC = \frac{\sum K_A + \sum K_B}{2N} = \frac{\sum_{k=1}^{N} \kappa_A(k) + \sum_{k=1}^{N} \kappa_B(k)}{2N} \tag{6.35}$$

如果动作区设计合理，发生区内故障时，A 和 B 的大部分点都落在动作区，数组 K_A 和 K_B 中的大多数元素都等于 1，CTC 接近于 1；发生区外故障时，情况则完全相反，数组 K_A 和 K_B 中的大多数元素都等于 0，CTC 接近于 0。CTC 表示发生区内故障的可能性，CTC 越大，发生区内故障的可能性越大。区内故障判据可设置为

$$CTC > CTC_{thr} \tag{6.36}$$

式中：CTC_{thr} 为所提保护算法的动作阈值。为了保证保护算法的可靠性，将 CTC_{thr} 设置为 0.7。

设置采样频率为 4kHz，对于 50Hz 的电力系统，一个工频周期的采样点数为 80 个。为了提高保护算法的动作速度，采用半工频周期的时间窗，设置 $N = 40$。所提保护算法在区内故障情况下的动作性能如图 6.24 所示，分别设置小过渡电阻为 5Ω，大过渡电阻为 100Ω。

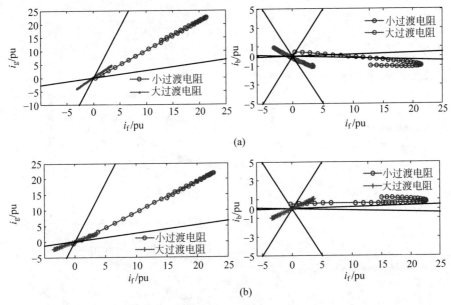

图 6.24 所提保护算法在区内故障情况下的动作性能（见文后彩图）
(a) 充电模式；(b) 放电模式

如图 6.24(a)所示，BESS 在充电模式工作时，**A** 和 **B** 的大部分点都落在动作区。小过渡电阻对应的 CTC 为 0.9125，大过渡电阻对应的 CTC 为 0.9750，均大于动作阈值 0.7。如图 6.24(b)所示，BESS 工作在放电模式时，**A** 和 **B** 的大部分点也落在动作区内。小、大过渡电阻对应的 CTC 分别为 0.9875、0.9750。该保护能准确识别区内故障，不受过渡电阻的影响。

6.4.3 对 CT 饱和的鲁棒性分析

区外故障 CT 饱和严重威胁保护算法的安全性。如图 6.25(a)所示，由于 CT 饱和，电网侧电流严重畸变。数据窗 1 的数据部分来自线性区，部分来自饱和区，而数据窗 2 的数据全部来自饱和区，数据窗 1 和数据窗 2 的当前轨迹分别如图 6.25(b)和图 6.25(c)所示。数据窗 1 的 CTC 为 0.050，数据窗 2 的 CTC 为 0.3625。从图 6.25(a)的波形可以看出，数据窗 2 的 CTC 要比数据窗 1 的 CTC 大得多。即使数据窗 2 的电流波形严重失真,CTC 仍远低于保护算法的动作阈值。该保护算法对 CT 饱和度具有良好的鲁棒性。

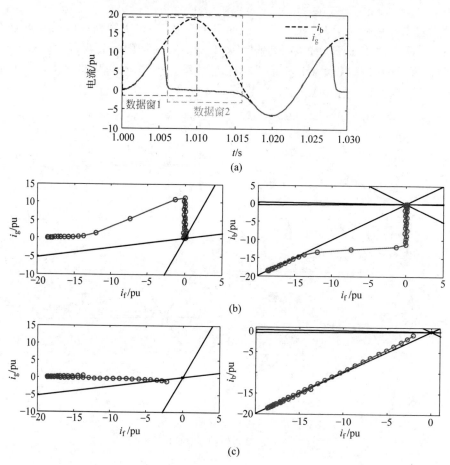

图 6.25　所提保护算法在 CT 饱和的区外故障下的动作性能
(a)电流波形;(b)数据窗 1 的电流轨迹;(c)数据窗 2 的电流轨迹

6.4.4　性能评估

在 PSCAD/EMTDC 平台中搭建如图 6.20(a)所示的含 BESS 的 IEEE 39 节点测试系统,本节对所提出的保护算法的可靠性和安全性进行全面的评估。故障发生时间设为 $t = 1s$。

1. 不同故障位置、类型和运行模式

考虑含 BESS 的 IEEE 39 节点测试系统不同故障位置、类型和运行模式,验证了所提保护算法在区内故障情况下的有效性。K_1、K_2、K_3 3 个故障点分别位于母线 33 的 10%、50%、90% 处。过渡电阻设置为 30Ω。

电流轨迹系数(CTC)如表 6.3 所示,表 6.3 记录了故障发生 50ms 后的数据。以 K_1 处的 CG 为例,A 相、B 相的 CTC 均为零,而 C 相在充放电模式下的 CTC 均大于 0.7,可以准确识别区内故障和故障相 C 相,保护正常动作。表 6.3 中的其他情况也采用了类似的分析过程。从表 6.3 可以看出,尽管故障位置、类型和运行模式不同,但故障相的 CTC 始终大于 0.7,而非故障相的 CTC 非常接近于零。仿真结果表明,在含 BESS 的系统中,所提出的保护算法能够准确地识别区内故障和故障相。

表 6.3 不同故障位置、类型和运行状态下的电流轨迹系数

故障位置	故障类型	充电状态			放电状态		
		A 相	B 相	C 相	A 相	B 相	C 相
K_1	CG	0	0	0.9500	0	0	0.9625
	BC	0	0.9750	0.9000	0	0.9875	0.8875
	ABG	0.8375	0.8375	0	0.8500	0.8000	0
	ABC	0.9625	0.9750	1.0000	0.9875	0.9750	0.9875
K_2	CG	0	0	0.9125	0	0	0.9750
	BC	0	0.9625	0.9125	0.0125	0.9875	0.9000
	ABG	0.8750	0.8875	0	0.9125	0.8750	0
	ABC	0.9875	0.9750	1.0000	0.9750	1.0000	0.9875
K_3	CG	0	0	0.8125	0	0	0.9625
	BC	0	0.9500	0.9375	0.0125	0.9875	0.9125
	ABG	0.9250	0.9125	0	0.9375	0.9250	0
	ABC	0.9875	1.0000	0.9750	0.9875	1.0000	0.9750

图 6.26 为表 6.3 中标注案例的仿真结果。由图 6.26(a)可知,C 相 CTC 在故障开始后约 8ms 达到动作阈值,而 A 相、B 相 CTC 始终远低于动作阈值。因此,提出的保护算法可以在 10ms 内准确识别出 C 相故障的区内故障,动作速度快。对图 6.26(b)~图 6.26(d)中的仿真波形进行类似的分析,在各种故障类型下,所提的保护算法能够在 10ms 内正确识别区内故障和故障相。

2. 不同过渡电阻下的性能测试

短路故障发生时总是存在过渡电阻。因此,评估所提保护算法抗过渡电阻的能力具有重要意义。假设 CAG 故障发生在线路 33-19 的 50%,设置过渡电阻为 1Ω、25Ω、50Ω 和 100Ω,BESS 在充电模式下运行。CTC 仿真波形如图 6.27 所示,无论过渡电阻大小,故障相的 CTC 都能在故障发生后 10ms 内超过阈值。该保护算法对过渡电阻具有良好的鲁棒性。对于通常使电流差动保护性能下降的高阻故障,所提出的保护算法仍能快速可靠地识别区内故障。

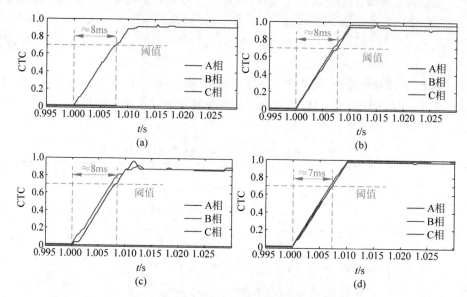

图 6.26　表 6.3 中的标注案例仿真结果（见文后彩图）

（a）CG 故障；（b）BC 故障；（c）ABG 故障；（d）ABC 故障

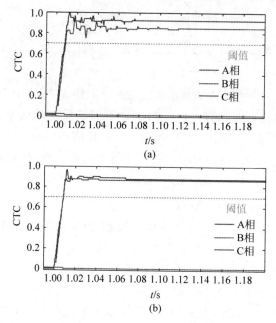

图 6.27　不同过渡电阻下的电流轨迹系数（见文后彩图）

（a）1Ω；（b）25Ω；（c）50Ω；（d）100Ω

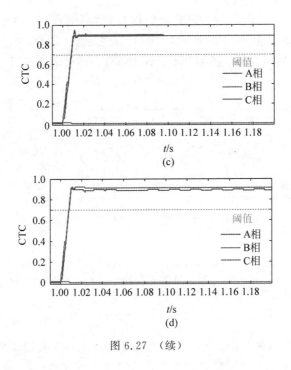

图 6.27　（续）

3. 各种非理想条件下保护算法的安全性

CT 饱和、CT 测量误差和数据异常值都是影响纵联差动保护安全性的负面因素。在这些非理想条件下,对所提保护算法的安全性进行测试十分必要。

当系统 33 节点处发生 ABG 故障时,电网侧 CT 严重饱和,A、B 相电流波形严重畸变。如图 6.28 所示,当发生区外故障 CT 饱和时,本节所提保护算法三相 CTC 均小于动作阈值,保护算法不会误动,具有良好的安全性。

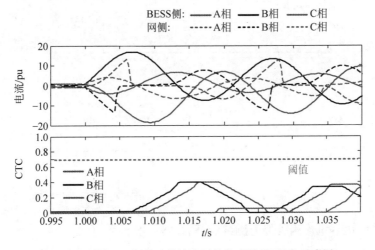

图 6.28　严重 CT 饱和区外故障下的仿真结果(见文后彩图)

为了验证 CT 测量误差时所提保护的性能,设置 1.1s 后电网侧 CT 存在 -10% 的测量误差。如图 6.29 所示,由于 1.1s 之前没有 CT 测量误差,i_f 几乎等于 0。即使 1.1s 后存在较大的 CT 测量误差,CTC 仍保持为 0,不受 CT 测量误差的影响。

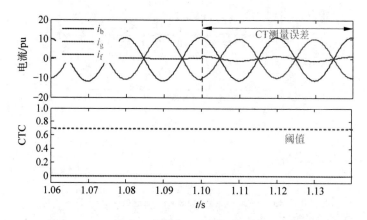

图 6.29 CT 测量出现误差时的仿真结果(见文后彩图)

除了 CT 饱和及测量误差外,数据异常值对保护的正确动作也是一个巨大的挑战。数据异常值的产生可能是由于保护装置通信系统的干扰、测量装置故障、网络攻击等原因。如图 6.30 所示,假设系统 33 节点发生区外故障后,BESS 侧电流出现异常值,CTC 的最大值仍然明显小于 0.7,存在异常值的区外故障保护不会误动,异常值对所提出的保护算法的影响很小。

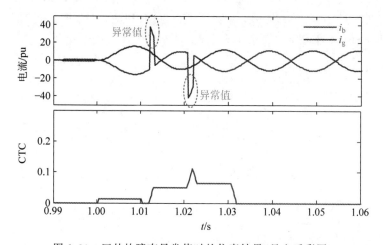

图 6.30 区外故障有异常值时的仿真结果(见文后彩图)

4. 线路电容电流耐受能力测试(不同线路长度)

假设在图 6.20 中的系统 33 节点处发生 AG 区外故障,过渡电阻为 100Ω。为了验证本节提出的保护算法对线路电容电流的耐受能力,将线路 33-19 的线路长度分别设置为 20km、100km、200km 和 300km。

如图 6.31 所示,随着线路长度增加,CTC 也增加。然而,即使线路长度达到 300km,CTC 仍然远远低于阈值,保护算法能正确、可靠地识别区外故障。所提出的保护算法对线路电容电流具有良好的耐受能力。

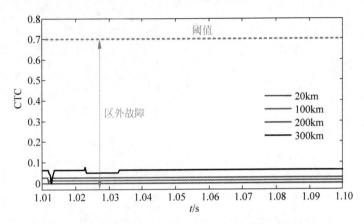

图 6.31 不同线路长度下的仿真结果(见文后彩图)

5. 保护算法在不同标准测试系统下的性能测试

为了进一步测试本节所提保护算法在不同节点系统下的性能,采用图 6.20(a) 中的 IEEE 39 节点新英格兰系统和图 6.32 中的 IEEE 9 节点测试系统进行测试。

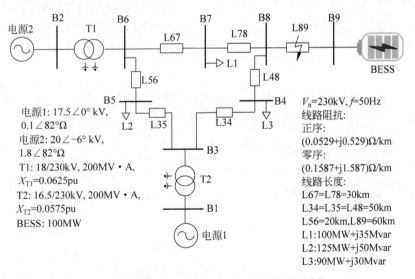

图 6.32 带有 BESS 的 IEEE 9 节点的测试系统

设置 BESS 送出线(IEEE 39 节点系统的 33-19 线和 IEEE 9 节点系统的 8-9

线)中点发生不同类型的故障,过渡电阻设置为 50Ω。IEEE 39 节点新英格兰系统和 IEEE 9 节点测试系统下各种故障类型的电流轨迹系数如表 6.4 所示。

表 6.4 不同节点系统下的电流轨迹系数

故障类型	IEEE 39 节点系统			IEEE 9 节点测试系统		
	A 相	B 相	C 相	A 相	B 相	C 相
AG	0.8250	0	0.0125	0.8750	0	0
BG	0	0.8125	0	0	0.8875	0
CG	0	0	0.8250	0	0.0125	0.9000
AB	0.9375	0.9250	0	0.9625	0.8500	0
BC	0	0.9500	0.9250	0	0.9750	0.8375
CA	0.9250	0	0.9250	0.8375	0	0.9750
ABG	0.8875	0.8875	0	0.8250	0.8875	0
BCG	0	0.9000	0.8875	0	0.8125	0.9000
CAG	0.8875	0	0.9000	0.8875	0	0.8125
ABC	0.9750	0.9750	0.9750	0.9750	0.9750	0.9750

以表 6.4 中的 AG 故障为例。在 IEEE 39 节点系统中,B、C 相的 CTC 明显小于 0.7,而 A 相的 CTC 大于 0.7。因此,本节提出的保护算法能够正确识别出区内故障和故障相。从表 6.4 的数据可以看出,在 IEEE 9 节点测试系统中也是如此。因此,所提出的保护算法在不同的节点系统下都有良好的动作性能。类似的分析过程也适用于表 6.4 中的其他情况。从表 6.4 可以看出,尽管故障类型不同,但故障相的 CTC 始终大于 0.7,而非故障相的 CTC 始终远小于 0.7。结果表明,所提出的保护算法受网络结构影响较小,在 IEEE 9 节点系统中依然能准确地识别出区内故障和故障相。

6.5 基于区内故障因子的时域差动保护方案

6.5.1 双差动电流轨迹描述

取线路两端电流之和为差动电流,根据 2.7 节全功率电源交流联络线故障电流特征,区内故障发生时,由式(2.26)可得,A 相的差动电流 i_{da} 可以表示为

$$
\begin{aligned}
i_{da} &= i_{MMCa} + i_{ga} \\
&= I_{m1} \cos(\omega_0 t + \varphi_{i1}) + I_{\tilde{g}} \cos(\omega_0 t + \theta_0) - I_{\underline{g}} e^{-t/T_a} \\
&= I_{\tilde{d}} \cos(\omega_0 t + \varphi_{\tilde{d}}) - I_{\underline{g}} e^{-t/T_a}
\end{aligned}
\tag{6.37}
$$

式中

$$
I_{\tilde{d}} = \sqrt{(I_{m1} \cos\varphi_{i1} + I_{\tilde{g}} \cos\theta_0)^2 + (I_{m1} \sin\varphi_{i1} + I_{\tilde{g}} \sin\theta_0)^2}
\tag{6.38}
$$

$$\varphi_{\tilde{d}} = \arctan \frac{I_{m1}\sin\varphi_{i1} + I_{\tilde{g}}\sin\theta_0}{I_{m1}\cos\varphi_{i1} + I_{\tilde{g}}\cos\theta_0} \tag{6.39}$$

式(6.37)可以简化为

$$i_d(t) = \underbrace{I_{ac}(t)\cos(\omega_0 t + \varphi_{ac})}_{\text{基频交流分量}} - \underbrace{I_{dc}e^{-t/T_a}}_{\text{衰减直流分量}} \tag{6.40}$$

由式(6.40)可知,差动电流由衰减直流分量和基频交流分量组成。差动电流包含 MMC 换流站侧和电网侧故障电流的所有信息。理论上,如果充分挖掘和利用差动电流中包含的信息,并进行分析,就可以准确地区分区内和区外故障。

将差动电流延迟 1/4 周期,即 $T_0/4$(50Hz 交流系统为 5ms),称为虚拟差动电流。虚拟差动电流的表达式为

$$i'_d(t) = i_d\left(t - \frac{T_0}{4}\right) = I_{ac}\left(t - \frac{T_0}{4}\right)\cos\left(\omega_0 t - \omega_0 \frac{T_0}{4} + \varphi_{ac}\right) - I_{dc}e^{-\left(t - \frac{T_0}{4}\right)/T_a}$$

$$= I_{ac}\left(t - \frac{T_0}{4}\right)\sin(\omega_0 t + \varphi_{ac}) - I_{dc}e^{-\left(t - \frac{T_0}{4}\right)/T_a} \tag{6.41}$$

通常,T''_d、T'_d 和 T_a 远大于 5ms,由此可获得如下关系

$$I_{ac}\left(t - \frac{T_0}{4}\right) \approx I_{ac}(t), \quad e^{-\left(t - \frac{T_0}{4}\right)/T_a} \approx e^{-t/T_a} \tag{6.42}$$

将式(6.42)代入式(6.41)可得

$$i'_d(t) \approx I_{ac}(t)\sin(\omega_0 t + \varphi_{ac}) - I_{dc}e^{-t/T_a} \tag{6.43}$$

由式(6.40)和式(6.43)可得如下关系式

$$(i_d + I_{dc}e^{-t/T_a})^2 + (i'_d + I_{dc}e^{-t/T_a})^2 \approx I_{ac}^2 \tag{6.44}$$

将 i_d 投影到 x 轴,i'_d 投影到 y 轴,式(6.44)即动点 (i_d, i'_d) 的轨迹方程,动点 (i_d, i'_d) 形成的轨迹即为双差动电流轨迹。双差动电流轨迹形成过程如图 6.33 所示。

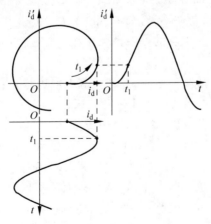

图 6.33 双差动电流轨迹形成过程

过渡电阻越大,直流分量的衰减时间常数越小。过渡电阻较大时,双差动电流的轨迹近似为以原点为中心的圆。不同过渡电阻下的双差动电流轨迹如图 6.34 所示。

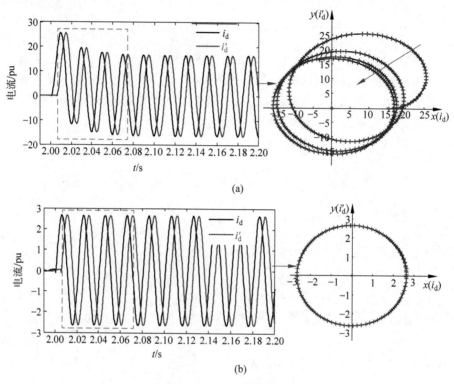

图 6.34　区内故障下的双差动电流轨迹(见文后彩图)
(a) 金属接地;(b) 高阻接地

从图 6.34(a)可以看出,差动电流包含衰减的直流分量和交流分量,双差动电流的动态轨迹是一系列圆心随时间变化逐渐接近原点的圆弧。当过渡电阻较大时,衰减的直流分量可以忽略不计,如图 6.34(b)所示。在这种情况下,双差动电流的动态轨迹是以原点为中心的一系列几乎相同的圆。图 6.34 所示的结果与上述分析一致。

当正常情况或区外故障发生时,差动电流近似为零,在这种情况下,双差动电流轨迹集中在原点附近。当 CT 严重饱和的区外故障发生时,差动电流发生畸变,大约有 1/4 周期为线性传变区,这一部分生成的差动电流轨迹集中在 x 轴和 y 轴附近。截取故障发生后从 $T_0/4$ 开始并持续一个工频周期的差动电流形成的移动点轨迹,各种故障条件下的差动电流轨迹如图 6.35 所示。图 6.35(a)为区内故障下形成的双差动电流轨迹。图 6.35(b)为区外故障下形成的双差动电流轨迹。在图 6.35 中,红色十字表示由原始差动电流样本和虚拟差动电流样本组成的数据点 $(i_\mathrm{d}, i_\mathrm{d}')$。

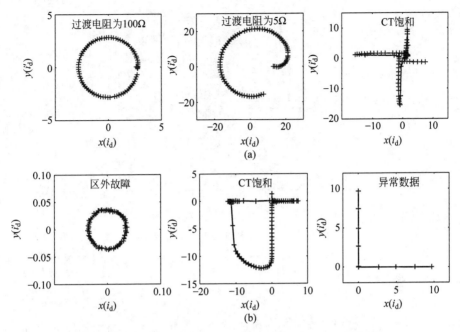

图 6.35 不同故障条件下的双差动电流轨迹(见文后彩图)
(a) 区内故障；(b) 区外故障

如图 6.35(a)所示,区内故障时的双差动电流轨迹为圆弧,但是在 CT 饱和的情况下,差动电流发生畸变,所生成的轨迹图像不再是圆弧,而是不规则的形状。如图 6.35(b)所示,当区外故障发生时,差动电流轨迹在原点附近,而异常采样数据形成的轨迹在 x 轴和 y 轴附近。当 CT 严重饱和时,由差动电流和虚拟差动电流组成的很多数据点都集中在 x 轴和 y 轴附近。

根据上述分析,区内故障和区外故障下的双差动电流轨迹存在显著差异。因此,充分利用差动电流轨迹在区内外故障下的差异性构建新的保护原理,理论上可以精确地甄别区内外故障。

6.5.2 基于区内故障因子时域差动保护基本原理

本节根据不同条件下的双差动电流轨迹,设计了动作区和制动区,如图 6.36 所示。绿色区域为动作区,而红色区域为制动区。制动区可由式(6.36)定义为

$$(\sqrt{x^2+y^2} \leqslant I_{\text{thr1}})\text{OR}(|x| \leqslant I_{\text{thr2}})\text{OR}(|y| \leqslant I_{\text{thr2}}) \qquad (6.45)$$

不满足式(6.45)的区域为动作区。

根据对各种条件下的电流轨迹的分析,如果阈值(即 I_{thr1} 和 I_{thr2})设置正确,则大多数数据点在区内故障的情况下可以落入动作区,而在正常情况和区外故障情况下,大多数数据点可以落入制动区。

为了区分区内故障和其他干扰,定义区内故障因子(internal fault index,IFI)

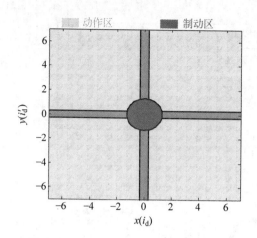

图 6.36　动作区和制动区(见文后彩图)

如下

$$IFI = \frac{n_{op}}{n_{non\text{-}op}} \tag{6.46}$$

式中,n_{op} 为一个工频周期内进入动作区的数据点数,$n_{non\text{-}op}$ 为工频周期内进入制动区的数据点数。

区内故障判据设计如下

$$IFI \geqslant IFI_{thr} \tag{6.47}$$

式中,IFI_{thr} 为动作阈值。

上述基本原理中,3 个保护参数 I_{thr1}、I_{thr2} 和 IFI_{thr} 对纵联保护性能的影响很大,合理设置这 3 个保护参数非常重要。

如式(6.45)和图 6.36 所示,I_{thr1} 决定了红色圆圈的大小。制动区应覆盖正常情况下的电流轨迹。正常情况下,差动电流是由线路的电容效应引起的充电电流,即电容电流。即使对于高压输电线路,电容电流也通常小于 0.1pu,如图 6.34(b)所示。因此,为了确保制动区覆盖正常情况下的电流轨迹,I_{thr1} 应大于 0.1pu。即使在高阻故障情况下,差动电流通常至少大于额定值,即 1.0pu。为了能区分正常情况和高过渡电阻的区内故障,I_{thr1} 应小于 1.0pu。这样,即使发生高过渡电阻的区内故障,差动电流轨迹的大部分数据点也能落入动作区。

根据上述分析,I_{thr1} 设置范围如下

$$0.1pu < I_{thr1} < 1.0pu \tag{6.48}$$

I_{thr1} 越大,圆形制动区越大。较大的 I_{thr1} 意味着良好的安全性,但会导致可靠性变差。较小的 I_{thr1} 意味着良好的可靠性,但会导致安全性变差。因此,选择一个中间值,即 I_{thr1} 的理论值为 0.5pu,$I_{thr1}^{theory} = 0.5pu$。可靠系数设置为 1.2。$I_{thr1}$ 的值最终设置为

$$I_{thr1} = K_{rel} \cdot I_{thr1}^{theory} = 0.6pu \tag{6.49}$$

相较 I_{thr1} 的设置,设置 I_{thr2} 要容易得多。根据式(6.45)和图 6.36, I_{thr2} 决定了红色矩形的大小。从图 6.35 可以看出,异常数据相关的数据点位于 x 轴和 y 轴附近,而在 CT 饱和的区外故障下,大多数数据点位于 x 轴和 y 轴附近。为了覆盖 x 轴和 y 轴附近的数据点, I_{thr2} 应至少大于 0.1pu。 I_{thr2} 越大,区内故障的灵敏度越低。 I_{thr2} 可接受的最大值为 0.5pu。根据前面的分析, I_{thr2} 可以在区间[0.1pu, 0.5pu]内选择。本节将 I_{thr2} 设置为 0.3pu。

综上所述,大多数数据点在区内故障时进入动作区($n_{op} > n_{non\text{-}op}$),而大多数数据点在正常情况和区外故障时进入制动区($n_{op} < n_{non\text{-}op}$)。可以得到如下关系

$$IFI = \begin{cases} n_{op}/n_{non\text{-}op} > 1, & \text{区内故障} \\ n_{op}/n_{non\text{-}op} < 1, & \text{区外故障} \end{cases} \tag{6.50}$$

由式(6.47)区内故障的保护判据可知,动作阈值 IFI_{thr} 的理论值为 1, $IFI_{thr}^{theory} = 1$。为了提高可靠性,取可靠性系数为 1.2,即 $K_{rel} = 1.2$。因此, IFI_{thr} 可以设置为

$$IFI_{thr} = K_{rel} \cdot IFI_{thr}^{theory} = 1.2 \tag{6.51}$$

6.5.3 动作性能分析

在本节中,分析了各种条件下所提的纵联保护的动作特性。对于正常情况,差动电流轨迹的所有数据点都在制动区内,保护可靠不动作。考虑到虚拟差动电流的产生所造成的延迟,一个工频周期的时间窗口的起始时间选择为故障发生后 5ms,采样频率为 4kHz。区内和区外故障下的动作特性分析如下。

1. 区内故障

如图 6.37 所示,为各种区内故障下所提保护方案的动作特性,图 6.37(a)~图 6.37(c)对应过渡电阻较小、过渡电阻较大和 CT 严重饱和的区内故障。

当发生严重的区内故障时,差动电流较大,差动电流轨迹的数据点远离制动区。在图 6.37(a)中,动作阈值 IFI 显著大于 1.2,因此,该故障被灵敏地识别为内部断层。当发生过渡电阻较大的区内故障时,其差动电流远小于过渡电阻较小时的差动电流。即使如此,如图 6.37(b)所示,大多数数据点进入动作区。对于过渡电阻较大的区内故障,动作阈值 IFI 足够大,可以灵敏地识别该区内故障。如图 6.37(c)所示,CT 饱和导致差动电流轨迹不规则,在这种情况下,IFI 仍然显著大于 1.2。上述分析表明,本节所提出的保护方案在区内故障时的工作特性和过渡电阻大小、CT 饱和无关。

2. 区外故障

在没有异常数据的区外故障情况下,差动电流明显小于 1.0pu。因此,电流轨迹的所有数据点都在制动区内,与正常情况类似。如图 6.38 所示为区外故障下所提保护方案的动作特性。

图 6.38(a)显示了在具有异常数据的区外故障情况下,本节所提的保护的动作

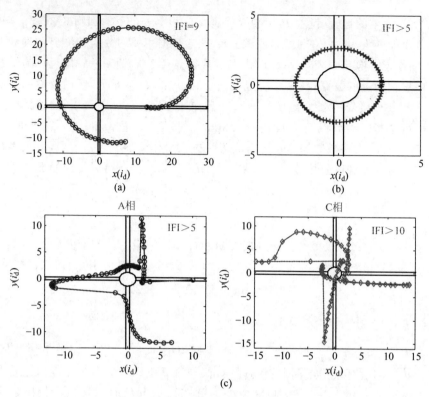

图 6.37　区内故障动作特性

（a）过渡电阻较小；（b）过渡电阻较大；（c）严重 CT 饱和

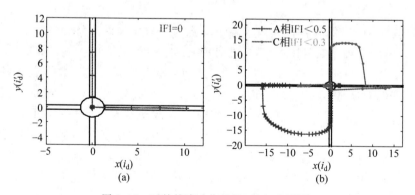

图 6.38　区外故障动作特性（见文后彩图）

（a）异常数据；（b）严重 CT 饱和

特性。异常数据可能由测量设备故障、通信系统干扰和网络攻击引起。如图 6.38(a)所示，与异常数据相关的所有数据点都在制动区内，所提的纵联保护不受异常数据干扰。对于大多数现有的保护方案，CT 饱和是影响保护方案安全性的最大挑战。图 6.38(b)显示了在 CT 严重饱和的区外故障下，所提的纵联保护的动作特性。如图 6.38(b)所示，由于 CT 饱和的影响，A 相和 C 相的电流轨迹都是不规则的。尽管 CT 严重饱和,但大多数数据点都在制动区内。A 相和 C 相的动作阈值 IFI 都远小于 1.5。因此,本节所提的纵联保护在 CT 饱和的情况下具有良好的安全性。

综上所述,本节所提出的基于双差动电流轨迹的纵联保护在区内故障下具有高灵敏度,在区外故障下具有良好的安全性。

6.5.4　性能评估

将 MMC-HVDC 系统接入 IEEE-39 节点标准测试模型中,在 PSCAD/EMTDC 平台中搭建如图 6.39 所示的仿真模型,用来测试所提出的基于区内故障因子的时域差动保护的性能。

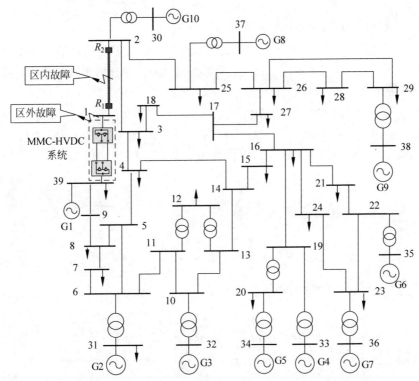

图 6.39　含 MMC-HVDC 的改进 IEEE 39 节点标准测试模型

仿真模型的具体参数如表 6.5 所示。IEEE-39 节点系统参数见文献[100]。

表 6.5　仿真模型具体参数

类　　别	参　　数	数　　值
MMC-HVDC 系统	容量	200MVA
	直流电压	220kV
	桥臂电感	38.5mH
	桥臂等效电容	55μF

续表

类　　别	参　　数	数　　值
变压器	容量	210MVA
	变比	230kV/110kV
	漏抗	0.1pu
输电线路	长度	50km
	正序阻抗	$(0.076+j0.338)\Omega/\text{km}$
	零序阻抗	$(0.284+j0.824)\Omega/\text{km}$
	正序电容	$0.0086\mu\text{F/km}$
	零序电容	$0.0061\mu\text{F/km}$

1. 不同过渡电阻和运行模式下的性能测试

耐过渡电阻的能力是衡量保护性能的重要指标。为了评估本节所提保护对过渡电阻的耐受能力,测试不同过渡电阻下线路 1-2 发生 AB 两相接地故障时的所提保护方案的性能。过渡电阻设置为 5Ω、25Ω、50Ω 和 100Ω。图 6.40 显示了不同过渡电阻和运行模式下的区内故障因子。

从图 6.40 中可以看出,故障发生后 20ms 内,A 相和 B 相的区内故障因子全都超过阈值,而 C 相的区内故障因子始终小于阈值。根据式(6.47)表示的判断标

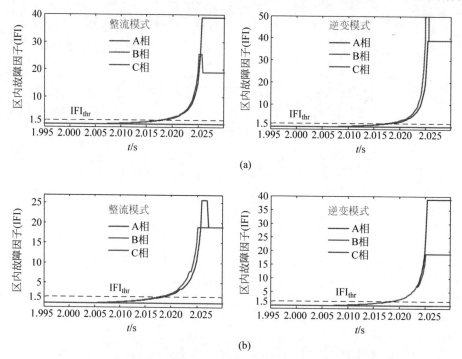

图 6.40　不同过渡电阻和运行模式下的区内故障因子(见文后彩图)

(a) 5Ω 过渡电阻;(b) 25Ω 过渡电阻;(c) 50Ω 过渡电阻;(d) 100Ω 过渡电阻

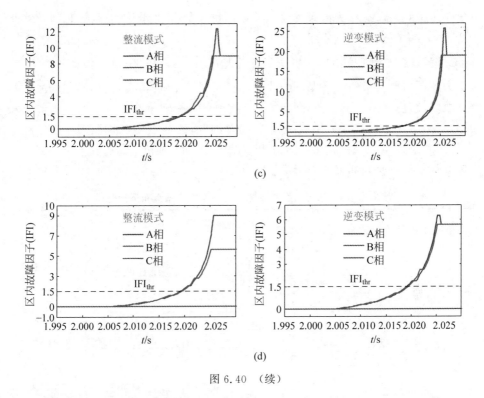

图 6.40 （续）

准,故障相为 A 和 B 相的区内故障可以可靠和快速地识别,不受过渡电阻和运行模式的影响。

灵敏度是衡量线路保护性能的重要指标。根据保护标准,可以定义灵敏度系数(sensitivity coefficient,SC)为

$$\text{SC} = \text{IFI}/\text{IFI}_{\text{thr}} \tag{6.52}$$

当 SC>1 时,识别出区内故障,否则,将识别为区外故障。显然,SC 越大,保护的灵敏度越高。不同过渡电阻和运行模式下的灵敏度系数和运行时间(operating time,OT)如表 6.6 所示。

表 6.6 不同过渡电阻和运行模式下灵敏度系数和运行时间

过渡电阻/Ω	整流模式				逆变模式			
	A 相 SC	B 相 SC	C 相 SC	OT/ms	A 相 SC	B 相 SC	C 相 SC	OT/ms
10	0	15.8	15.8	16.4	0	15.8	15.8	16.7
25	0	15.8	15.8	16.7	0	15.8	15.8	16.4
50	0	15.8	15.8	16.9	0	7.5	7.5	16.9
100	0	4.72	4.72	18.2	0	4.72	4.72	18.2

从表 6.6 中可以看出,B 和 C 相的灵敏度系数总是超过 1,而 A 相的敏感性系数总是小于 1,表明故障相为 B 相和 C 相的区内故障可以被正确识别。即使过渡

电阻高达 100Ω,保护算法仍保持较高的灵敏度系数。此外,保护运行时间始终小于 20ms,具有较快的运行速度。

2. 不同故障类型和故障位置下的性能测试

为了评估所提出的纵联保护的性能,进行了一系列的仿真,包括不同的故障类型和故障位置。设置 4 种故障类型:A 相接地、BC 相间短路、AB 两相接地和三相短路。K_1、K_2、K_3 和 K_4 分别代表 4 个故障位置,即节点 1 分别距离 1-2 号线的 1%、30%、70% 和 99% 的位置。过渡电阻设置为 50Ω,换流站运行在整流模式。灵敏度系数和运行时间如表 6.7 所示。

表 6.7　不同故障类型和故障位置下灵敏度系数和运行时间

故障位置	故障类型	灵敏度系数			运行时间/ms
		A 相	B 相	C 相	
K_1	AG	15.8	0	0	17.6
	BC	0	7.5	7.5	17.4
	ABG	7.5	7.5	0	18.4
	ABC	7.5	15.8	7.5	18.2
K_2	AG	7.5	0	0	17.9
	BC	0	7.5	7.5	17.4
	ABG	15.8	15.8	0	17.4
	ABC	7.5	15.8	7.5	17.7
K_3	AG	15.8	0	0	17.4
	BC	0	7.5	7.5	17.4
	ABG	7.5	7.5	0	17.7
	ABC	7.5	15.8	15.8	17.7
K_4	AG	7.5	0	0	17.4
	BC	0	7.5	7.5	17.2
	ABG	15.8	15.8	0	16.9
	ABC	15.8	15.8	7.5	16.9

如表 6.7 所示,故障相的灵敏度系数总是远大于 1,非故障相的灵敏度系数小于 1,不受故障位置影响,表明所提出的保护算法具有较高的灵敏度,所提出的保护算法能够灵敏和准确地检测区内故障及故障相。此外,不同故障位置和类型下,保护的运行时间小于 20ms,具有较快的动作速度。

图 6.41 为表 6.7 中标记的案例的区内故障因子。如图 6.41(a)所示,在 A 相接地故障的情况下,A 相的区内故障因子超过阈值,B 相和 C 相的区内故障因子都小于阈值。如图 6.41(b)所示,在 BC 相间故障的情况下,B 相和 C 相的区内故障因子超过阈值,A 相区内故障因子小于阈值。如图 6.41(c),在 AB 两相接地故障的情况下,A 相和 B 相的区内故障因子超过阈值,而 C 相的区内故障因子低于阈值。如图 6.41(d),三相短路故障时,A、B 和 C 相的区内故障因子均大于阈值。综

上所述,故障相的区内故障因子总是能在 20ms 内超过阈值。所提出的保护算法在所有类型的故障下都具有较高灵敏度和较快的动作速度。

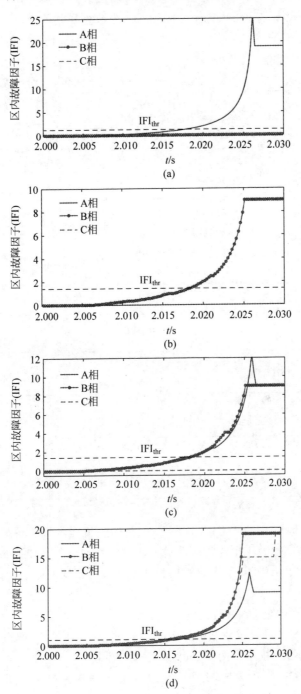

图 6.41 不同故障类型下的区内故障因子

(a) A 相接地;(b) BC 相间故障;(c) AB 两相接地;(d) 三相故障

3. 区外故障下的性能测试

以发生在母线 1 上的 AB 两相接地为例,测试区外故障下所提出的基于区内故障因子的时域差动保护的安全性。图 6.42 为数据异常的区外故障情况下的仿真结果。

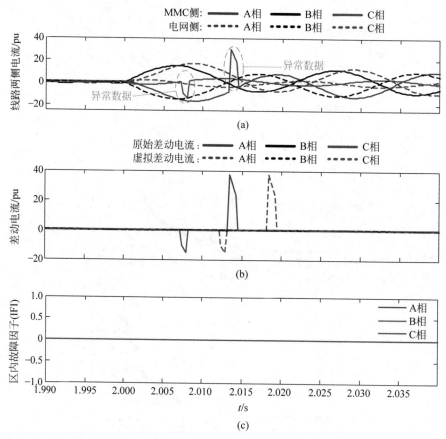

图 6.42 存在异常数据的区外故障的仿真结果(见文后彩图)

如图 6.42(a)所示,MMC 侧 A 相和 C 相的电流样本中出现异常数据,此时,原始差动电流和虚拟差动电流出现明显的异常波峰和波谷。如图 6.42(c)所示,三相的区内故障因子均等于零,表明所提算法不受异常数据的影响,与本节中的理论分析一致。

CT 饱和是影响差动保护安全性的最大威胁,测试所提出的保护方案在严重 CT 饱和下的安全性具有重要意义。为此,本节以发生在母线 1 处的具有严重 CT 饱和的 AB 两相接地故障为例,测试保护方案的性能。

从图 6.43(a)中可以看出,由于 CT 饱和,电网侧电流严重畸变,导致区外故障时产生较大的差动电流。如图 6.43(b)所示,传统的电流差动保护在这种情况下容易发生误动作。在图6.43(c)中,三相区内故障因子均小于阈值。因此,本节提出的基于区内故障因子的保护在区外故障发生时能够可靠地不发生动作。

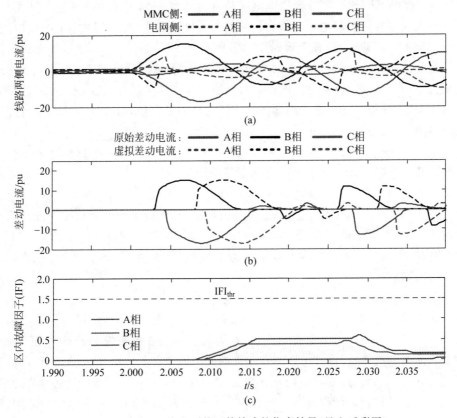

图6.43 严重CT饱和下的区外故障的仿真结果(见文后彩图)

6.6 本章小结

本章首先分析了电流差动保护的工作原理,得到了当且仅当幅值条件(线路两侧电流幅值比大于$(1+K)/(1-K)$)和相角条件(线路两侧电流相角差小于$103°$)都不满足时,传统电流差动保护才存在拒动风险的边界条件。电流幅值比越小,相角差越大,保护拒动风险就越大。

整流/充电模式时,电网侧呈现出馈入特性,全功率电源侧呈现汲出特性。逆变/放电模式下,全功率电源侧呈现出馈入特性,电网侧通常呈现馈入特性,但在某些情况下也可能呈现汲出特性。当全功率电源侧和电网侧一侧表现出馈入特性、一侧表现出汲出特性时,两侧电流相角差较大,可能为钝角,电流差动保护拒动风险较高。因此,传统电流差动保护在整流模式下的拒动风险显著高于逆变模式。零序电流的存在会降低电流差动保护拒动的风险,零序电流越大,拒动风险越低。

针对全功率电源接入后传统电流差动保护存在的问题,本章提出多种保护新方法。

(1) 提出了一种能适应全功率电源特殊故障特征的高灵敏度电流差动保护,通过引入考虑两侧故障电流幅值和相角差异的校正函数,增大判据中的差动电流,减小判据中的制动电流,有效地提高了电流差动保护的灵敏性。通过仿真验证了理论分析的正确性,所提保护方法具有速动性好、灵敏度高的特点,能适应不同故障位置、不同故障距离,对过渡电阻的耐受能力强。从灵敏性、速动性、可靠性等方面对比,所提保护方法的性能明显优于传统电流差动保护,适合作为全功率电源交流侧线路的主保护。

(2) 提出了一种基于电流轨迹系数的线路保护算法,该保护算法适用于全功率电源特殊故障特征。基于故障电流及线路两侧电流,构建了两个点集并分别映射到二维空间。根据双电流轨迹的分布特性,合理设置了动作区和制动区,提出了基于电流轨迹系数的时域保护新原理。所提保护算法能够在不同情况下准确识别区内故障,不受故障类型、位置和电阻的影响,对各种非理想条件(CT 饱和、CT 测量误差和异常值)具有较好的鲁棒性,在响应速度、可靠性、安全性等方面也表现出了优异的性能。

(3) 将差动电流和虚拟差动电流分别投影到 x 轴和 y 轴构建双差动电流轨迹。区内故障时,双差动电流轨迹是一系列的圆弧,区外故障时,双差动电流轨迹集中在原点。在 CT 饱和的情况下,双差动电流的轨迹是不规则的。根据不同条件下的差动电流轨迹,设计了一种基于区内故障因子的新的时域差动保护方案,合理设计了动作判据、设置了整定值。所提出的保护方法不受异常数据和 CT 饱和的影响,在不同故障位置、过渡电阻和换流站运行模式下均表现出优异的性能,能够在一个工频周期内识别故障和故障相。

参 考 文 献

[1] 新华网. 习近平在第七十五届联合国大会一般性辩论上的讲话[EB/OL]. (2020-09-22) [2024-01-28]. http://www. xinhuanet. com/politics/leaders/2020-09/22/c_1126527652. htm.

[2] 国家统计局. 中华人民共和国 2022 年国民经济和社会发展统计公报[EB/OL]. (2023-02-28) [2024-01-28]. http://www. stats. gov. cn/xxgk/sjfb/zxfb2020/202302/t20230228_1919001.

[3] 舒印彪,赵勇,赵良,等. "双碳"目标下我国能源电力低碳转型路径[J]. 中国电机工程学报,2023,43(5):1663-1672.

[4] 张宏宇,印永华,申洪,等. 大规模风电接入后的系统调峰充裕性评估[J]. 中国电机工程学报,2011,31(22):26-31.

[5] 杨雪飞,杨绍远,李桂源,等. 昆柳龙直流工程柳州站双阀组充电跳闸事件分析及对策[J]. 南方电网技术,2022,16(2):82-88.

[6] NAGPAL M,HENVILLE C. Impact of power-electronic sources on transmission line ground fault protection[J]. IEEE Transactions on Power Delivery,2018,33(1):62-70.

[7] 刘闯,晁勤,袁铁江,等. 不同风电机组的短路特性及对接入网继电保护的影响[J]. 可再生能源,2013,31(2):24-29.

[8] HUANG P H,EL MOURSI M S,XIAO W,et al. Novel fault ride-through configuration and transient management scheme for doubly fed induction generator [J]. IEEE Transactions on Energy Conversion,2013,28(1):86-94.

[9] VRIONIS T D,KOUTIVA X I,VOVOS N A. A genetic algorithm-based low voltage ride-through control strategy for grid connected doubly fed induction wind generators[J]. IEEE Transactions on Power Systems,2014,29(3):1325-1334.

[10] 张保会,李光辉,王进,等. 风电接入电力系统故障电流的影响因素分析及对继电保护的影响[J]. 电力自动化设备,2012,32(2):1-8.

[11] 苏常胜,李凤婷,武宇平. 双馈风电机组短路特性及对保护整定的影响[J]. 电力系统自动化,2011,35(6):86-91.

[12] 李凤婷,李智才. 含异步机风电场的配电网故障特性及其保护分析[J]. 电网技术,2013,37(4):981-986.

[13] 孙鸣,赵月灵,王磊. DG 容量及接入方式对变电站继电保护定值的影响[J]. 电力自动化设备,2009,29(9):46-49.

[14] 黄伟,雷金勇,夏翔,等. 分布式电源对配电网相间短路保护的影响[J]. 电力系统自动化,2008(1):93-97.

[15] LIU C,CHEN Z,LIU Z. A communication-less overcurrent protection for distribution system with distributed generation integrated [C]//2012 3rd IEEE International Symposium on Power Electronics for Distributed Generation Systems (PEDG). IEEE, 2012:140-147.

[16] 李斌,袁越. 光伏并网发电对保护及重合闸的影响与对策[J]. 电力自动化设备,2013,33(4):12-17.

[17] 贾科,顾晨杰,毕天姝,等. 大型光伏电站汇集系统的故障特性及其线路保护[J]. 电工技术学报,2017,32(9):189-198.

[18] HOOSHYAR A,AZZOUZ M A,EL-SAADANY E F. Distance protection of lines

emanating from full-scale converter-interfaced renewable energy power plants—part I: problem statement[J]. IEEE Transactions on Power Delivery,2015,30(4)：1770-1780.

[19] HOOSHYAR A,AZZOUZ M A,EL-SAADANY E F. Distance protection of lines emanating from full-scale converter-interfaced renewable energy power plants—part II: solution description and evaluation[J]. IEEE Transactions on Power Delivery,2015, 30(4)：1781-1791.

[20] YANG Z,ZHANG Q,LIAO W,et al. Harmonic injection based distance protection for line with converter-interfaced sources[J]. IEEE Transactions on Industrial Electronics, 2023,70(2)：1553-1564.

[21] JIA K,CHEN J F,XUAN Z W,et al. Active protection for photovoltaic DC-boosting integration system during FRT[J]. IET Generation,Transmission and Distribution,2019, 13(18)：4081-4088.

[22] 贾科,宣振文,朱正轩,等. 光伏直流升压接入系统故障穿越协同控保方法[J]. 电网技术,2018,42(10)：3249-3258.

[23] JIA K,GU C,XUAN Z,et al. Fault characteristics analysis and line protection design within a large-scale photovoltaic power plant[J]. IEEE Transactions on Smart Grid,2018, 9(5)：4099-4108.

[24] CHAO C,ZHENG X,WENG Y,et al. Adaptive distance protection based on the analytical model of additional impedance for inverter-interfaced renewable power plants during asymmetrical faults[J]. IEEE Transactions on Power Delivery,2022,37(5)：3823-3834.

[25] 王婷,李凤婷,何世恩.影响风电场联络线距离保护的因素及解决措施[J].电网技术, 2014,38(5)：1420-1424.

[26] PRADHAN A K,JOOS G. Adaptive distance relay setting for lines connecting wind farms[J]. IEEE Transactions on Energy Conversion,2007,22(1)：206-213.

[27] SADEGHI H. A novel method for adaptive distance protection of transmission line connected to wind farms[J]. International Journal of Electrical Power & Energy Systems, 2012,43(1)：1376-1382.

[28] HOOSHYAR A,AZZOUZ M A,EL-SAADANY E F. Distance protection of lines connected to induction generator-based wind farms during balanced faults[J]. IEEE Transactions on Sustainable Energy,2014,5(4)：1193-1203.

[29] CHEN Y,WEN M,YIN X,et al. Distance protection for transmission lines of DFIG-based wind power integration system[J]. International Journal of Electrical Power & Energy Systems,2018,100：438-448.

[30] 张惠智,李永丽,陈晓龙,等.具有低电压穿越能力的光伏电源接入配电网方向元件新判据[J].电力系统自动化,2015,39(12)：106-112.

[31] 李彦宾,贾科,毕天姝,等.逆变型电源对故障分量方向元件的影响机理研究[J].电网技术,2017,41(10)：3230-3236.

[32] 王晨清,宋国兵,汤海雁,等.选相及方向元件在风电接入系统中的适应性分析[J].电力系统自动化,2016,40(1)：89-95.

[33] 黄涛,陆于平,蔡超.DFIG等效序突变量阻抗相角特征对故障分量方向元件的影响分析[J].中国电机工程学报,2016,36(14)：3929-3939.

[34] AZZOUZ M A，HOOSHYAR A，EL-SAADANY E F. Resilience enhancement of microgrids with inverter-interfaced DGs by enabling faulty phase selection[J]. IEEE Transactions on Smart Grid,2018,9(6)：6578-6589.

[35] 李一泉,屠卿瑞,陈桥平,等. 大型光伏电站对送出线路保护选相元件的影响[J]. 电网技术,2018,42(9)：2976-2982.

[36] HOOSHYAR A,EL-SAADANY E F,SANAYE-PASAND M. Fault type classification in microgrids including photovoltaic DGs[J]. IEEE Transactions on Smart Grid,2016,7(5)：2218-2229.

[37] SONG G，WANG C，WANG T，et al. A phase selection method for wind power integration system using phase voltage waveform correlation[J]. IEEE Transactions on Power Delivery,2017,32(2)：740-748.

[38] LIANG Y,LI W,XU G. Performance problem of current differential protection of lines emanating from photovoltaic power plants[J]. Sustainability,2020,12(4)：1436.

[39] QUISPE J C，ORDUÑA E. Transmission line protection challenges influenced by inverter-based resources：a review[J]. Protection and Control of Modern Power System,2022,7(1)：1-17.

[40] 毕天姝,刘素梅,薛安成,等. 逆变型新能源电源故障暂态特性分析[J]. 中国电机工程学报,2013,33(13)：165-171.

[41] 李彦宾,贾科,毕天姝,等. 电流差动保护在逆变型新能源场站送出线路中的适应性分析[J]. 电力系统自动化,2017,41(12)：100-105.

[42] 韩海娟,牟龙华,张凡,等. 考虑 IIDG 低电压穿越时的微电网保护[J]. 中国电机工程学报,2017,37(1)：110-120.

[43] 徐萌,邹贵彬,高磊,等. 含逆变型分布式电源的配电网正序阻抗纵联保护[J]. 电力系统自动化,2017,41(12)：93-99.

[44] USTUN T S,KHAN R H. Multiterminal hybrid protection of microgrids over wireless communications network[J]. IEEE Transactions on Smart Grid,2015,6(5)：2493-2500.

[45] 李娟,高厚磊,朱国防. 考虑逆变类分布式电源特性的有源配电网反时限电流差动保护[J]. 电工技术学报,2016,31(17)：74-83.

[46] HAN B,LI H,WANG G,et al. A virtual multi-terminal current differential protection scheme for distribution networks with inverter-interfaced distributed generators[J]. IEEE Transactions on Smart Grid,2017,9(5)：5418-5431.

[47] CHEN S,TAI N,FAN N,et al. Sequence-component-based current differential protection for transmission lines connected with IIGs[J]. IET Gen Transm Distrib,2018,12(12)，3086-3096.

[48] DUBEY K,JENA P. Impedance angle-based differential protection scheme for microgrid feeders[J]. IEEE Systems Journal,2021,15(3)：3291-3300.

[49] CHEN G,LIU Y,YANG Q. Impedance differential protection for active distribution network[J]. IEEE Trans. Power Del. ,2020,35(1)：25-36.

[50] GAO H L,LI J,XU B Y. Principle and implementation of current differential protection in distribution networks with high penetration of DGs[J]. IEEE Trans Power Del,2017,32(1)：565-574.

[51] 毕天姝,李彦宾,贾科,等. 基于暂态电流波形相关性的新能源场站送出线路纵联保护

[J]. 中国电机工程学报,2018,38(7):2012-2019,2216.

[52] SABER A,SHAABAN M F,ZEINELDIN H H. A new differential protection algorithm for transmission lines connected to large-scale wind farms[J]. Int J Elect Power Energy Syst,2022,141:108220.

[53] SABER A,ZEINELDIN H H,TAREK H M,et al. A signed correlation index-based differential protection scheme for inverter-based islanded microgrids[J]. Int J Elect Power Energy Syst,2023,145:108721.

[54] YANG Z,LIAO W,WANG H,et al. Improved Euclidean distance based pilot protection for lines with renewable energy sources[J]. IEEE Trans Ind Informat,2022,18(12):8551-8562.

[55] JIA K,LI Y,FANG Y,et al. Transient current similarity based protection for wind farm transmission lines[J]. Applied Energy,2018,225:42-51.

[56] ZHENG L,JIA K,BI T,et al. Cosine similarity based line protection for large scale wind farms[J]. IEEE Transactions on Industrial Electronics,2021,68(7):5990-5999.

[57] ZHENG L,JIA K,WU W,et al. Cosine similarity based line protection for large scale wind farms part II:the industrial application[J]. IEEE Transactions on Industrial Electronics,2022,69(3):2599-2609.

[58] ALAM M M,LEITE H,LIANG J,et al. Effects of VSC based HVDC system on distance protection of transmission lines[J]. International Journal of Electrical Power & Energy Systems,2017,92:245-260.

[59] ALAM M M,LEITE H,SILVA N,et al. Performance evaluation of distance protection of transmission lines connected with VSC-HVDC system using closed-loop test in RTDS[J]. Electric Power Systems Research,2017,152(1):168-183.

[60] JIA K,CHEN R,XUAN Z,et al. Fault characteristics and protection adaptability analysis in VSC-HVDC connected offshore wind farm integration system[J]. IET Renewable Power Generation,2018,12(13):1547-1554.

[61] LIANG Y,LI W,HUO Y. Zone I distance relaying scheme of lines connected to MMC-HVDC stations during asymmetrical faults:problems,challenges,and solutions[J]. IEEE Transactions on Power Delivery,2021,36(5):2929-2941.

[62] HE L,LIU C,PITTO A,et al. Distance protection of AC grid with HVDC-connected offshore wind generators[J]. IEEE Transactions on Power Delivery,2014,29(2):493-501.

[63] XUE S,YANG J,CHEN Y,et al. The applicability of traditional protection methods to lines emanating from VSC-HVDC interconnectors and a novel protection principle[J]. Energies,2016,9(6):400.

[64] LIANG Y,HUO Y,ZHAO F. An accelerated distance protection of transmission lines emanating from MMC-HVDC stations[J]. IEEE Journal of Emerging and Selected Topics in Power Electronics,2021,9(5):5558-5570.

[65] XU K,ZHANG Z,LAI Q,et al. Study on fault characteristics and distance protection applicability of VSC-HVDC connected offshore wind power plants[J]. International Journal of Electrical Power & Energy Systems,2021,133(1):1-14.

[66] 丁久东,田杰,刘奎,等. 柔性直流输电对交流系统负序方向元件影响分析[J]. 电力系统

自动化,2017,41(12):113-117.

[67] 梁营玉,卢正杰,李武林,等.负序方向元件适应性分析及与 MMC-HVDC 控制策略协同配合方法[J].电网技术,2019,43(8):2998-3006.

[68] 梁营玉,许冠军,李武林,等.柔性直流换流站对传统选相方法的影响分析及对策[J].电工技术学报,2020,35(1):201-212.

[69] LIANG Y,REN Y,HE W. An enhanced current differential protection for ac transmission lines connecting MMC-HVDC stations[J],IEEE Syst. Journal,2023,17(1):892-903.

[70] 梁营玉,李武林,卢正杰,等. MMC-HVDC 对交流线路电流相位差动保护的影响分析[J]. 电力自动化设备,2019,39(9):95-101.

[71] BIN L,DINGXIANG D,XINGGUO W,et al. Improved differential-current protection for AC transmission line connecting renewable energy power plant and MMC-HVDC system[C]. 2021 IEEE Sustainable Power and Energy Conference. IEEE,2021:787-791.

[72] LIANG Y,REN Y,FAN Z,et al. Adaptive additional current-based line differential protection in the presence of converter-interfaced sources with four quadrant operation capability[J]. Int J Elect Power Energy Syst,2023,151:109116.

[73] JOSHUA A M,VITTAL K P. Protection schemes for a battery energy storage system based microgrid[J]. Electr Power Syst Res,2022,204:107701.

[74] LIANG Y,REN Y,ZHANG Z. Pilot protection based on two-dimensional space projection of dual differential currents for lines connecting MMC-HVDC stations[J]. IEEE Trans Ind Electron,2023,70(5):4356-4368.

[75] LIANG Y,PAN C,ZHANG J. Current trajectory coefficient based time domain line protection for battery storage energy stations[J]. Journal of Energy Storage,2022,51:104468.

[76] 贺益康,胡家兵,徐烈.并网双馈异步风力发电机运行控制[M].北京:中国电力出版社,2012.

[77] 徐政.柔性直流输电系统[M].北京:机械工业出版社,2017.

[78] 翟佳俊,张步涵,谢光龙,等.基于撬棒保护的双馈风电机组三相对称短路电流特性[J].电力系统自动化,2013,37(3):18-23.

[79] 黄涛.风电接入对继电保护影响机理及充分式保护新方案研究[D].南京:东南大学,2017.

[80] DE RIJCKE S,PÉREZ P S,DRIESEN J. Impact of wind turbines equipped with doubly-fed induction generators on distance relaying[C]//IEEE PES General Meeting. IEEE,2010:1-6.

[81] HE L,LIU C. Impact of LVRT capability of wind turbines on distance protection of AC grids[C]//2013 IEEE PES Innovative Smart Grid Technologies Conference (ISGT). IEEE,2013:1-6.

[82] JOSE B D S,CAVALCANTE P A H,TRINDADE F C L,et al. Analysis of distance based fault location methods for Smart Grids with distributed generation[C]//IEEE PES ISGT Europe 2013. IEEE,2013:1-5.

[83] 索南加乐,何方明,焦在滨,等.工频变化量距离元件特性的研究[J].中国电机工程学报,2010,30(28):59-65.

[84] 刘世明,林湘宁,杨春明.工频变化量距离继电器的统一表达方式[J].电网技术,

2002(5)：23-27.

[85]　NENGLING T,CHEN C. A new weak fault component reactance distance relay based on voltage amplitude comparison[J]. IEEE Transactions on Power Delivery,2008,23：87-93.

[86]　郑黎明,贾科,毕天姝,等. 基于结构相似度与平方误差的新能源场站送出线路纵联保护综合判据[J]. 电网技术,2020,44(5)：1788-1797.

[87]　贾科,杨哲,朱正轩,等. 基于电流幅值比的逆变型新能源场站送出线路 T 接纵联保护[J]. 电力自动化设备,2019,39(12)：82-88.

[88]　中国电力企业联合会,光伏发电站接入电力系统技术规定：GB/T 19964—2012[S]. 北京：中国标准出版社,2012.

[89]　ZHANG F,MU L. A fault detection method of microgrids with grid-connected inverter interfaced distributed generators based on the PQ control strategy[J]. IEEE Transactions on Smart Grid,2018,10(5)：4816-4826.

[90]　MUDDEBIHALKAR S V, JADHAV G N. Analysis of transmission line current differential protection scheme based on synchronized phasor measurement[C]//2015 Conference on Power, Control, Communication and Computational Technologies for Sustainable Growth (PCCCTSG). IEEE,2015：21-25.

[91]　沈枢,张沛超,方陈,等. 双馈风电场故障序阻抗特征及对选相元件的影响[J]. 电力系统自动化,2014,38(15)：87-92.

[92]　马静,王希,王增平. 一种基于电流突变量的故障选相新方法[J]. 中国电机工程学报,2012,32(19)：117-124.

[93]　黄涛,陆于平. 适用于双馈风电场的改进电流突变量选相元件[J]. 电网技术,2015,39(10)：2959-2964.

[94]　AZZOUZ M A,HOOSHYAR A. Dual current control of inverter-interfaced renewable energy sources for precise phase selection[J]. IEEE Transactions on Smart Grid,2019,10(5)：5092-5102.

[95]　贺家李,李永丽,董新洲,等. 电力系统继电保护原理[M]. 5 版. 北京：中国电力出版社,2018.

[96]　WENG H,WANG S,LIN X,et al. A novel criterion applicable to transformer differential protection based on waveform sinusoidal similarity identification[J]. Int J Elect Power Energy Syst,2019,105：305-314.

[97]　MIAO S,LIU P,LIN X. An adaptive operating characteristic to improve the operation stability of percentage differential protection[J]. IEEE Transactions on Power Delivery,2010,25(3)：1410-1417.

[98]　梁营玉,王亚琴,任昳,等. MMC-HVDC 换流站交流侧联络线高灵敏度电流差动保护[J]. 电力系统自动化,2022,46(22)：163-172.

[99]　HISKENS I. IEEE PES task force on benchmark systems for stability controls[R]. Ann Arbor：University of Michigan,2013.

[100]　Manitoba Hydro International Ltd. IEEE 39 Bus System[EB/OL]. ieee 39 bus technical note,Canada,May,2018. https://hvdc. ca/knowledge-base/ read, article/28/ieee-39-bus-system/v.

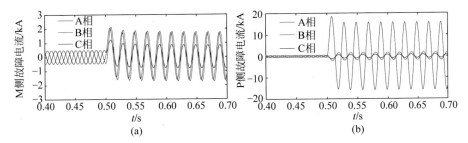

图 2.15　光伏场站送出线路接地故障时两侧电流波形

（a）M 侧；（b）P 侧

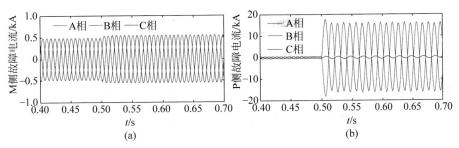

图 2.16　光伏场站送出线路相间故障时两侧电流波形

（a）M 侧；（b）P 侧

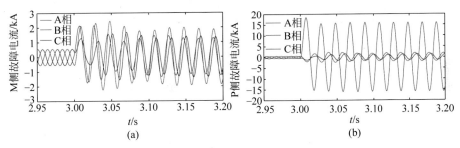

图 2.17　双馈风场送出线路接地故障时两侧电流波形

（a）M 侧；（b）P 侧

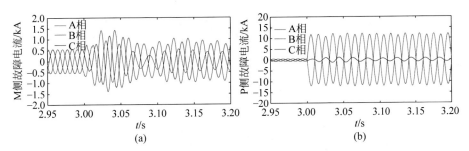

图 2.18　双馈风场送出线路相间故障时两侧电流波形

（a）M 侧；（b）P 侧

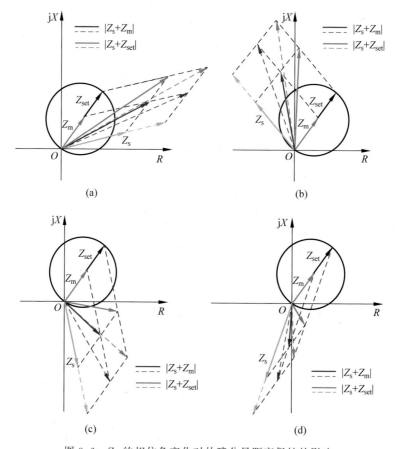

图 3.6　Z_s 的相位角变化对故障分量距离保护的影响

(a) $0° < \arg(Z_s) < 90°$；(b) $90° < \arg(Z_s) < 180°$；(c) $-90° < \arg(Z_s) < 0°$；(d) $-180° < \arg(Z_s) < -90°$

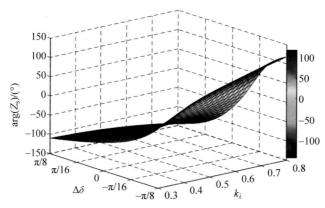

图 3.7　$\arg(Z_s)$ 与 k_λ 和 $\Delta\delta$ 之间关系

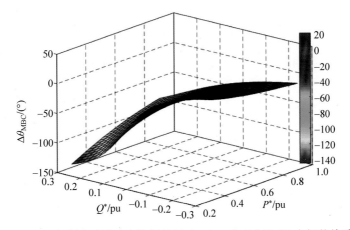

图 3.8 以抑制有功波动为控制目标时 $\Delta\theta_{\mathrm{MBC}}$ 与 P^* 和 Q^* 之间的关系

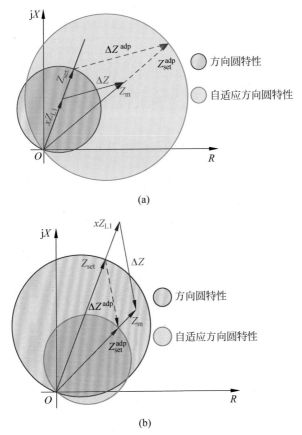

(a)

(b)

图 3.15 自适应方向圆特性的工作原理

(a) 区内故障；(b) 区外故障

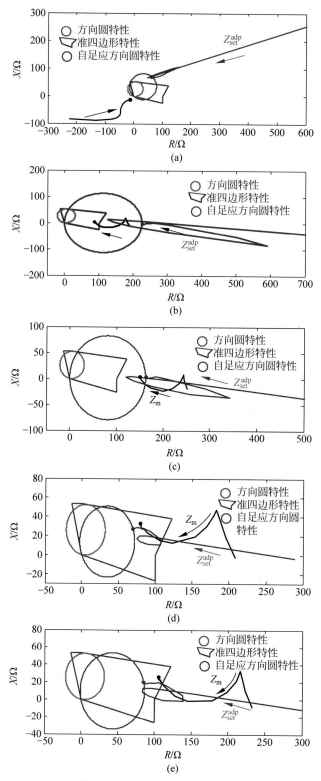

图 3.19　不同位置下的仿真结果

(a) K_1；(b) K_2；(c) K_3；(d) K_4；(e) K_5

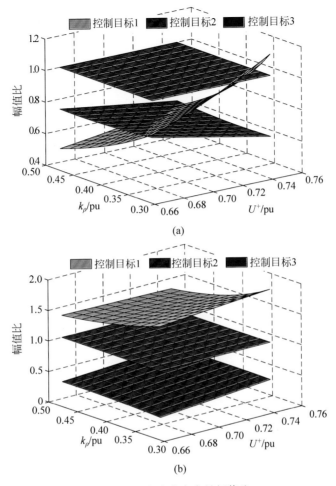

图 4.2　相电流差突变量幅值比

（a）AB 相电流差突变量幅值与 BC 相电流差突变量幅值之比；

（b）CA 相电流差突变量幅值与 BC 相电流差突变量幅值之比

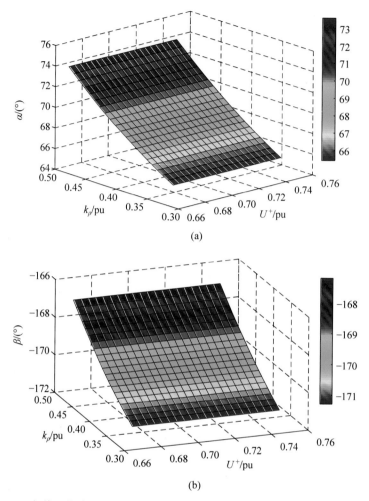

图 4.5 A 相接地故障正序电压幅值和电压不平衡度变化时对应的 α 和 β 变化曲线

(a) α 的变化曲线；(b) β 的变化曲线

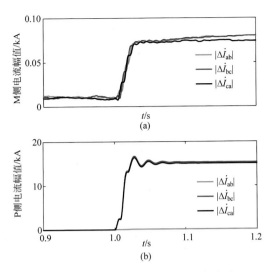

图 4.6　相电流差突变量幅值仿真波形

(a) M 侧；(b) P 侧

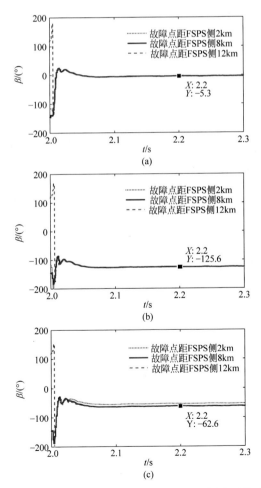

图 4.14　距离全功率电源 2km、8km 和 12km 处发生不同类型故障时的仿真结果

(a) A 相接地故障；(b) B 相接地故障；(c) AB 两相接地故障

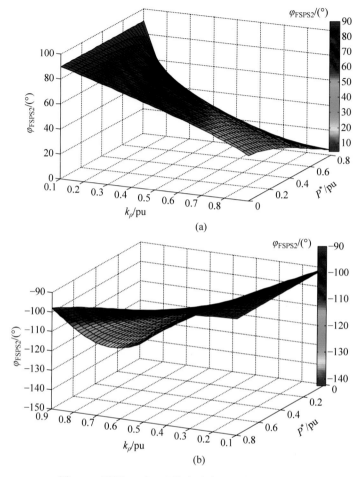

图 5.4　不同 k_ρ 和 P^* 的全功率电源负序阻抗角

（a）$k_\chi = 1$；（b）$k_\chi = -1$

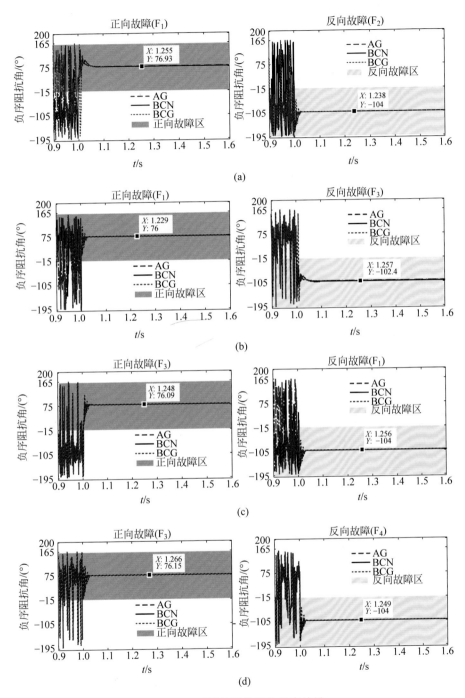

图 5.7　不同故障类型的仿真结果

(a) R$_{MN}$；(b) R$_{NM}$；(c) R$_{NP}$；(d) R$_{PN}$

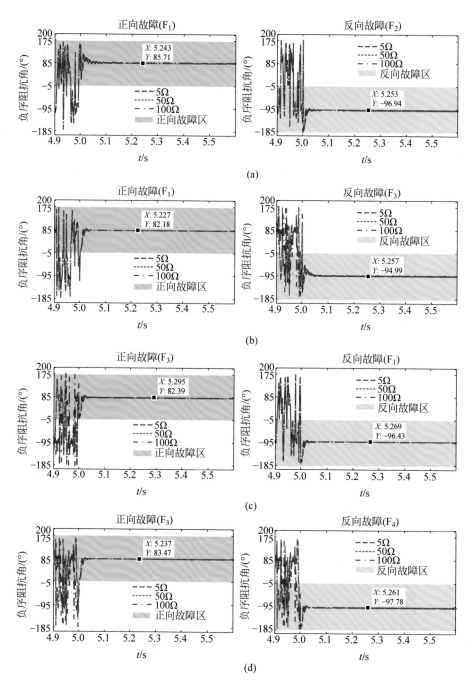

图 5.9　改进的 IEEE 39 节点系统在不同过渡电阻下的仿真结果

(a) R_{35-22}；(b) R_{22-35}；(c) R_{22-23}；(d) R_{23-22}

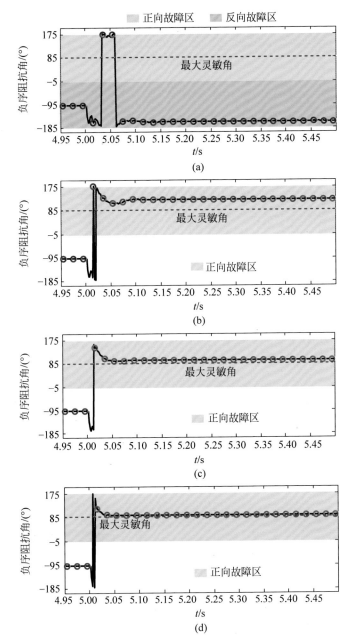

图 5.10　改进的 IEEE 39 节点系统在不平衡负载和高过渡电阻下的仿真结果

（a）$I_{m2ref}=0.03pu$；（b）$I_{m2ref}=0.05pu$；（c）$I_{m2ref}=0.1pu$；（d）$I_{m2ref}=0.2pu$

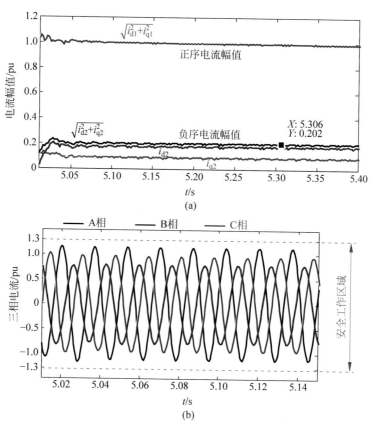

图 5.11   当 $I_{m2ref}=0.2pu$ 时变流器输出电流的仿真波形

（a）电流幅值；（b）三相电流

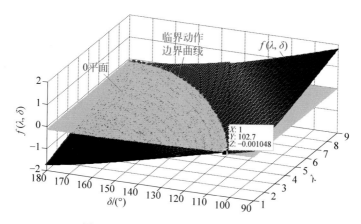

图 6.2 $f(\lambda,\delta)$ 随 λ 和 δ 的变化规律图

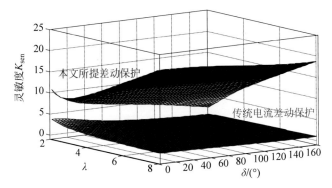

图 6.12 两种保护方法的灵敏度对比

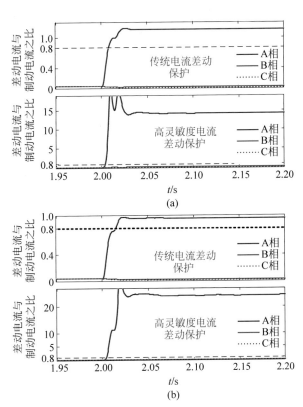

图 6.15 不同过渡电阻下两种保护方法的性能对比

（a）过渡电阻为 10Ω；（b）过渡电阻为 30Ω；（c）过渡电阻为 60Ω；（d）过渡电阻为 100Ω

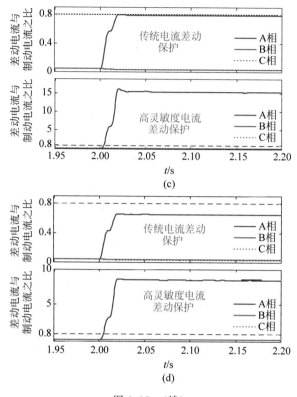

图 6.15 （续）

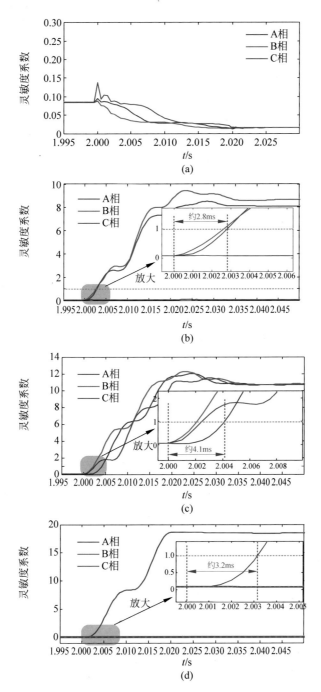

图 6.16　表 6.2 中 4 个标黄案例的仿真结果

（a）整流，K_1，ABC；（b）逆变，K_3；（c）整流，K_3，ABC；（d）整流，K_4，AG

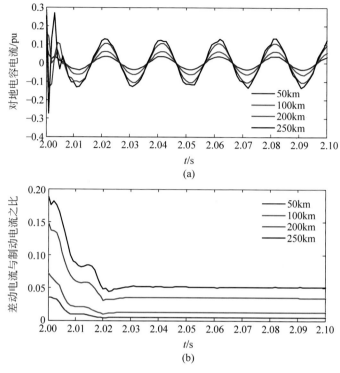

图 6.17　不同线路长度下的仿真结果

（a）对地电容电流；（b）差动电流与制动电流之比

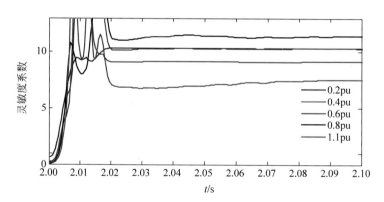

图 6.19　不同运行点下的仿真结果

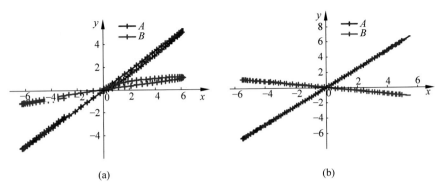

(a)
(b)

图 6.21　点集 A 和点集 B 在区内故障下的轨迹
(a) 放电模式；(b) 充电模式

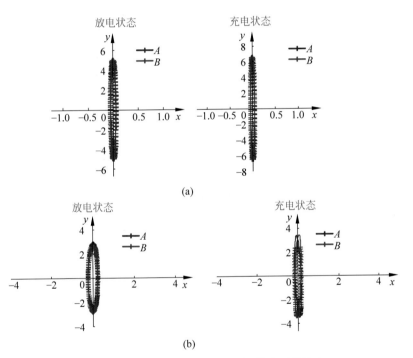

(a)

(b)

图 6.22　点集 A 和点集 B 在区外故障下的轨迹
(a) 线路长度为 60km；(b) 线路长度为 300km

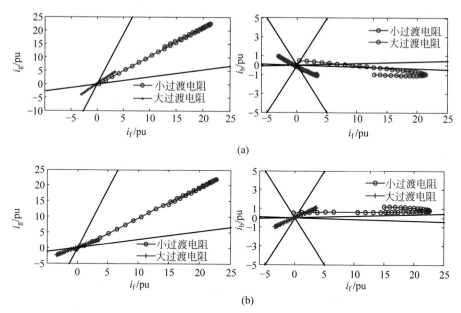

图 6.24　所提保护算法在区内故障情况下的动作性能

（a）充电模式；（b）放电模式

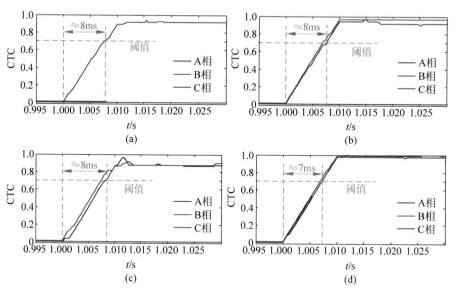

图 6.26　表 6.3 中的标注案例仿真结果

（a）CG 故障；（b）BC 故障；（c）ABG 故障；（d）ABC 故障

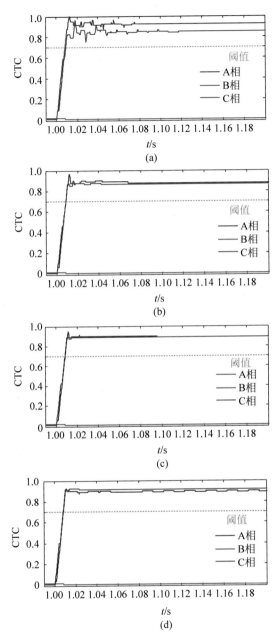

图 6.27 不同过渡电阻下的电流轨迹系数

(a) 1Ω；(b) 25Ω；(c) 50Ω；(d) 100Ω

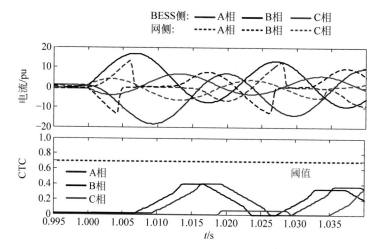

图 6.28　严重 CT 饱和区外故障下的仿真结果

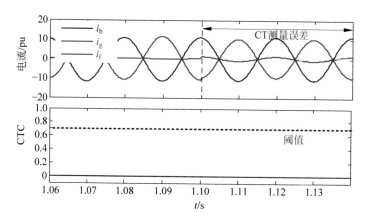

图 6.29　CT 测量出现误差时的仿真结果

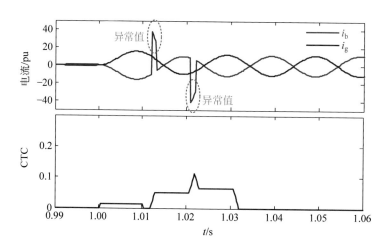

图 6.30　区外故障有异常值时的仿真结果

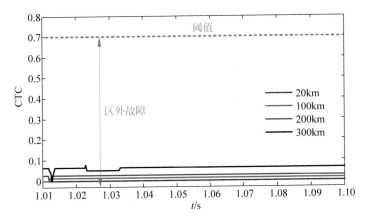

图 6.31 不同线路长度下的仿真结果

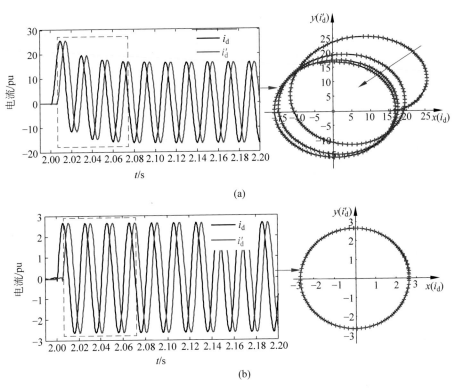

(a)

(b)

图 6.34 区内故障下的双差动电流轨迹

（a）金属接地；（b）高阻接地

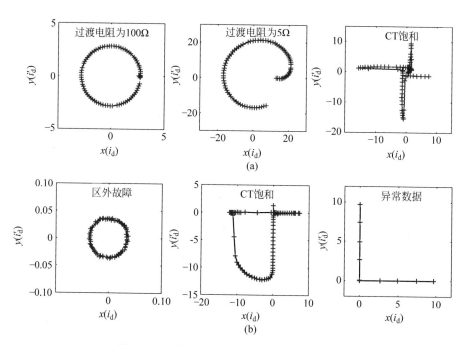

图 6.35 不同故障条件下的双差动电流轨迹

（a）区内故障；（b）区外故障

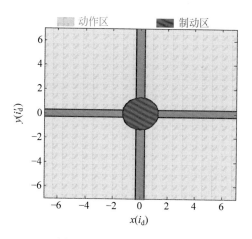

图 6.36 动作区和制动区

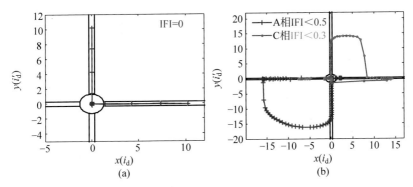

图 6.38　区外故障动作特性

（a）异常数据；（b）严重 CT 饱和

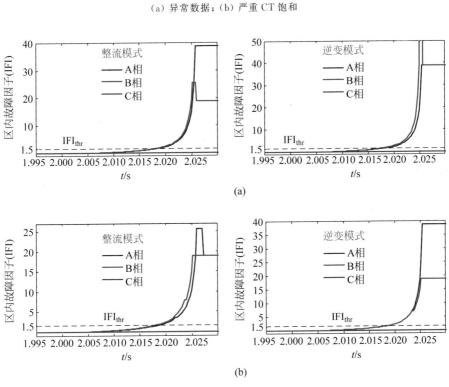

(b)

图 6.40　不同过渡电阻和运行模式下的区内故障因子

（a）5Ω 过渡电阻；（b）25Ω 过渡电阻；（c）50Ω 过渡电阻；（d）100Ω 过渡电阻

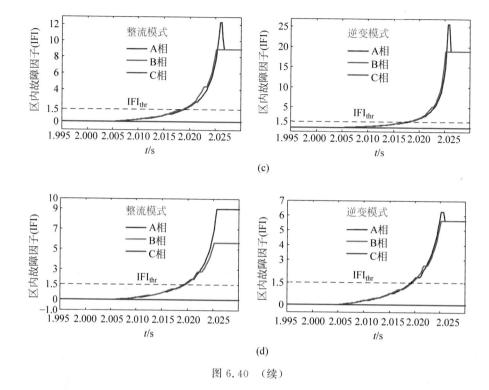

(c)

(d)

图 6.40 （续）

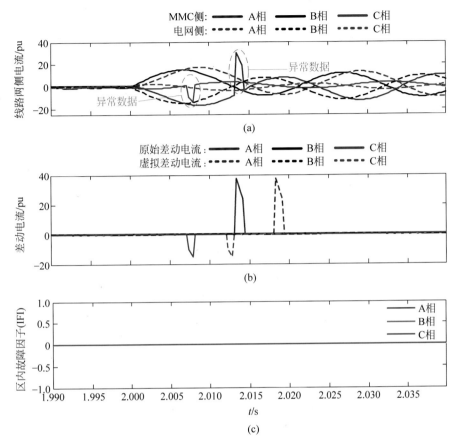

图 6.42　存在异常数据的区外故障的仿真结果

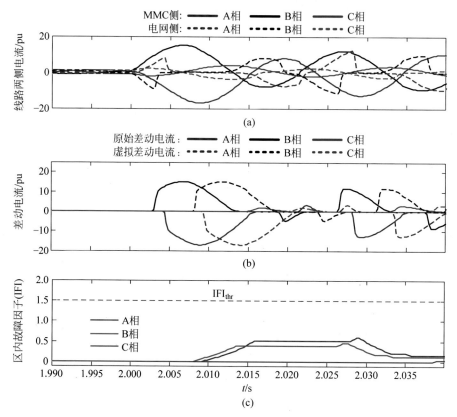

图 6.43 严重 CT 饱和下的区外故障的仿真结果